国家职业教育工程造价专业
教学资源库配套教材

工程造价控制

▶ 主 编 袁 媛

▶ 副主编 张凌云 吴 佳

▶ 主 审 陈雪飞

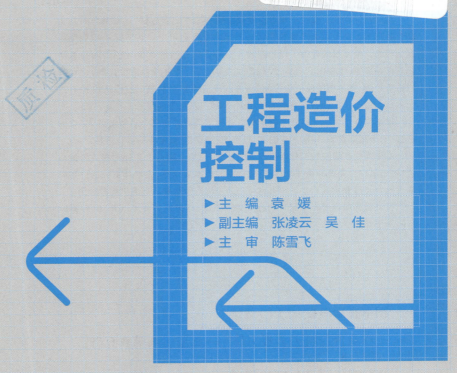

高等教育出版社·北京

内容提要

本书是国家职业教育工程造价专业教学资源库配套教材,是根据全国高职高专教育土建类专业教学指导委员会制定的工程造价专业教学标准和培养方案编写的。全书系统介绍了项目建设全过程工程造价的计价与控制的基本知识和典型案例,主要内容包括:工程造价控制认知、决策阶段造价控制、设计阶段造价控制、发承包阶段造价控制、实施阶段造价控制和竣工阶段造价控制六个项目。每个项目都有任务清单和相关政策法规,每个项目后都有复习题。

本书结合国家职业教育工程造价专业教学资源库中同名课程资源,二维码链接 78 个微课资源,辅助学生的学习、练习、考试,是新形态一体化教材。

本书作为高职院校工程造价专业的教材,传承全国造价工程师执业考试知识体系,结合行业最新法律法规、行政规章和标准规范等,力求让工程造价高职高专教育与行业发展同步。本书也可作为工程造价从业人员培训的参考用书。

授课教师如需要本书配套的教学课件资源,可发送邮件至邮箱 gztj@ pub. hep. cn 索取。

图书在版编目(CIP)数据

工程造价控制 / 袁媛主编. --北京 : 高等教育出版社,2021.8
ISBN 978-7-04-056379-5

Ⅰ. ①工… Ⅱ. ①袁… Ⅲ. ①工程造价控制-高等职业教育-教材 Ⅳ. ①TU723.3

中国版本图书馆 CIP 数据核字(2021)第 129949 号

策划编辑	温鹏飞	责任编辑	温鹏飞	特约编辑	李 立	封面设计 张 志
版式设计	马 云	插图绘制	李沛蓉	责任校对	吕红颖	责任印制 田 甜

出版发行	高等教育出版社	网 址	http://www.hep.edu.cn
社 址	北京市西城区德外大街 4 号		http://www.hep.com.cn
邮政编码	100120	网上订购	http://www.hepmall.com.cn
印 刷	北京市科星印刷有限责任公司		http://www.hepmall.com
开 本	850mm×1168mm 1/16		http://www.hepmall.cn
印 张	13		
字 数	280 千字	版 次	2021 年 8 月第 1 版
购书热线	010-58581118	印 次	2021 年 8 月第 1 次印刷
咨询电话	400-810-0598	定 价	33.00 元

本书如有缺页、倒页、脱页等质量问题,请到所购图书销售部门联系调换

版权所有 侵权必究

物 料 号 56379-00

　　"智慧职教"是由高等教育出版社建设和运营的职业教育数字教学资源共建共享平台和在线课程教学服务平台,包括职业教育数字化学习中心平台(www.icve.com.cn)、职教云平台(zjy2.icve.com.cn)和云课堂智慧职教 App。用户在以下任一平台注册账号,均可登录并使用各个平台。

　　● 职业教育数字化学习中心平台(www.icve.com.cn):为学习者提供本教材配套课程及资源的浏览服务。

　　登录中心平台,在首页搜索框中搜索"工程造价控制",找到对应作者主持的课程,加入课程参加学习,即可浏览课程资源。

　　● 职教云(zjy2.icve.com.cn):帮助任课教师对本教材配套课程进行引用、修改,再发布为个性化课程(SPOC)。

　　1. 登录职教云,在首页单击"申请教材配套课程服务"按钮,在弹出的申请页面填写相关真实信息,申请开通教材配套课程的调用权限。

　　2. 开通权限后,单击"新增课程"按钮,根据提示设置要构建的个性化课程的基本信息。

　　3. 进入个性化课程编辑页面,在"课程设计"中"导入"教材配套课程,并根据教学需要进行修改,再发布为个性化课程。

　　● 云课堂智慧职教 App:帮助任课教师和学生基于新构建的个性化课程开展线上线下混合式、智能化教与学。

　　1. 在安卓或苹果应用市场,搜索"云课堂智慧职教"App,下载安装。

　　2. 登录 App,任课教师指导学生加入个性化课程,并利用 App 提供的各类功能,开展课前、课中、课后的教学互动,构建智慧课堂。

　　"智慧职教"使用帮助及常见问题解答请访问 help.icve.com.cn。

序

职业教育工程造价专业教学资源库项目于 2016 年 12 月获教育部正式立项（教职成函〔2016〕17号），项目编号 2016-16，属于土木建筑大类建设工程管理类。依据《关于做好职业教育专业教学资源库 2017 年度相关工作的通知》，浙江建设职业技术学院和四川建筑职业技术学院，联合国内 21 家高职院校和 10 家企业单位，在中国建设工程造价管理协会、中国建筑学会建筑经济分会项目管理类专业教学指导委员会的指导下，完成了资源库建设工作，并于 2019 年 11 月正式通过了验收。验收后，根据要求做到了资源的实时更新和完善。

资源库基于"能学、辅教、助训、促服"的功能定位，针对教师、学生、企业员工、社会学习者 4 类主要用户设置学习入口，遵循易查、易学、易用、易操、易组原则，打造了门户网站。资源库建设中，坚持标准引领，构建了课程、微课、素材、评测、创业 5 大资源中心；破解实践教学痛点，开发了建筑工程互动攻关实训系统、工程造价综合实务训练系统、建筑模型深度开发系统、工程造价技能竞赛系统 4 大实训系统；校企深度合作，打造了特色定额库、特色指标库、可拆卸建筑模型教学库、工程造价实训库 4 大特色库；引领专业发展，提供了专业发展联盟、专业学习园地、专业大讲堂、开讲吧课程 4 大学习载体。工程造价资源库构建了全方位、数字化、模块化、个性化、动态化的专业教学资源生态组织体系。

本套教材是基于"国家职业教育工程造价专业教学资源库"开发编撰的系列教材，是在资源库课程和项目开发成果的基础上，融入现代信息技术、助力新型混合教学方式，实现了线上、线下两种教育形式，课上、课下两种教育时空，自学、导学两种教学模式，具有以下鲜明特色：

第一，体现了工学交替的课程体系。新教材紧紧抓住专业教学改革和教学实施这一主线，围绕培养模式、专业课程、课堂教学内容等，充分体现专业最具代表性的教学成果、最合适的教学手段、最职业性的教学环境，充分助力工学交替的课程体系。

第二，结构化的教材内容。根据工程造价行业发展对人才培养的需求、课堂教学需求、学生自主学习需求、中高职衔接需求及造价行业在职培训需求等，按照结构化的单元设计，典型工作的任务驱动，从能力培养目标出发，进行教材内容编写，符合学习者的认知规律和学习实践规律，体现了任务驱动、理实结合的情境化学习内涵，实现了职业能力培养的递进衔接。

第三，创新教材形式。有效整合教材内容与教学资源，实现纸质教材与数字资源的互通。通过嵌入资源标识和二维码，链接视频、微课、作业、试卷等资源，方便学习者随扫随学相关微课、动画，即可分享到专业（真实或虚拟）场景、任务的操作演示、案例的示范解析，增强学习的趣味性和学习效果，弥补传统课堂形式对授课时间和教学环境的制约，并辅以要点提示、笔记栏等，具有新颖、实用的特点。

国家职业教育工程造价专业教学资源库项目组

2020 年 5 月

前　言

本书以《建设项目全过程造价咨询规程》（CECA/GC 4—2017）行业标准为依据，率先提出了顺利完成建设项目全过程造价控制各阶段工作任务应遵循工程造价相关政策与法规的必然性和重要性。据此，我们重新构建了教材结构体系，认真编写出了这本理实一体、工学结合、任务引领的《工程造价控制》特色教材。

本书以微课资源为载体、案例分析为手段，理论联系实际、深入浅出地讲解了学习难点和重点，介绍了完成工程造价控制各阶段工作任务所必须掌握的核心知识和核心技能，进一步厘清了完成全过程工程造价控制各阶段工作任务所需的拓展知识和技能，实现了从传统教材到新形态一体化教材的蜕变。

本书由上海城建职业学院袁媛、张凌云、吴佳，浙江祥生物业服务有限公司刘铁和上海百联集团股份有限公司康晨璐共同完成，袁媛担任主编，张凌云和吴佳担任副主编。本书编写分工如下：项目1由张凌云编写，项目5由吴佳编写，项目6的任务6.1由刘铁编写，项目6的任务6.2由康晨璐编写，其余内容均由袁媛编写。

本书由上海城建职业学院陈雪飞主审，陈雪飞对书稿提出了很多有益的意见和建议。本书在编写过程中得到了高等教育出版社和上海市安装工程集团有限公司教育培训中心的大力支持和帮助，在此一并致谢！

由于作者水平有限，书中难免有不足之处，敬请广大读者批评指正。

编　者

2021 年 3 月

目 录

项目 1

工程造价控制认知

学习重点

1. 建设项目五级划分。
2. 建设项目全过程五阶段划分。
3. 建设项目总投资构成。
4. 设备购置费构成和计算。
5. 预备费计算。
6. 建设期利息计算。

相关政策法规

《中华人民共和国建筑法》（2019 年修订）。

《中华人民共和国招标投标法》（2017 年修订）。

《建设项目全过程造价咨询规程》（CECA/GC 4—2017）。

《建设工程勘察设计管理条例》（2017 年修订）。

《建设工程造价咨询规范》（GB/T 51095—2015）。

《建设项目投资估算编审规程》（CECA/GC 1—2015）。

《工程造价术语标准》（GB/T 50875—2013）。

《国际贸易术语解释通则》（2020 年修订）。

《建设项目经济评价方法与参数（第三版）》。

《建设工程计价设备材料划分标准》（GB/T 50531—2009）。

任务 1.1　 识别项目全过程各阶段

1.1.1　 建设项目

建设项目是基本建设项目的简称。基本建设是指国民经济各部门为发展生产而进行的固定资产的扩大再生产。基本建设项目是确定和组建建设单位的依据,通常一个建设项目为一个建设单位。基本建设项目的内容包括建筑安装工程、设备购置以及勘察、设计、科学研究实验、征地、拆迁、试运转、生产职工培训和建设单位管理工作等。

一、建设项目五级划分

基本建设项目一般可划分为建设项目、单项工程、单位工程、分部工程和分项工程五个层级。

1. 建设项目(一级)

建设项目以形成固定资产为目的,是实物形态的具体项目。按照《工程造价术语标准》(GB/T 50875—2013)的定义,建设项目是指按一个总体规划或设计进行建设的,由一个或若干个互有内在联系的单项工程组成的工程总和。凡属于一个总体设计范围内分期分批建设的主体工程和附属配套工程、供水供电工程等,均为一个建设项目。

2. 单项工程(二级)

单项工程是指具有独立的设计文件,建成后能够独立发挥生产能力或使用功能的工程项目。一个建设项目可以包括多个单项工程,也可以仅有一个单项工程。例如,一座工厂的各个生产车间、办公大楼、食堂、库房、烟囱和水塔等,一所学校的教学大楼、图书馆、实验室和学生宿舍等。

单项工程是具有独立存在意义的一个完整工程,由多个单位工程所组成。

3. 单位工程(三级)

单位工程是指具有独立的设计文件,能够独立组织施工,但不能独立发挥生产能力或使用功能的工程项目,是单项工程的组成部分。例如,一幢教学大楼或写字楼,可以划分为建筑工程、装饰工程、电气工程和给排水工程等。

4. 分部工程(四级)

分部工程是单位工程的组成部分,是按结构部位、路段长度及施工特点或施工任务将单位工程划分为若干个项目单元。例如,建筑工程可以划分为土石方工程、地基基础工程和砌筑工程等,装饰工程可以划分为楼地面工程、墙柱面工程、顶棚工程和门窗工程等。

5. 分项工程(五级)

分项工程是分部工程的组成部分,是按不同施工方法、材料、工序及路段长度等将分部工程划分为若干个项目单元。例如,土石方工程可以划分为平整场地、挖沟槽土方和挖基坑土方等,砌筑工程可以划分为砖基础、砖墙等。

分项工程不是一种完整的产品,而是单项工程中一种基本的构成要素。一般来说,分项工程没有独立存在的意义。分项工程是为了计算人工、材料、机械等的消耗量和确定建设工程造价而划分出来的,是建筑工程计量与计价的最基本部分。

　　综上所述,一个建设项目由一个或几个单项工程组成,一个单项工程由一个或几个单位工程组成,一个单位工程又由若干个分部工程组成,一个分部工程又可划分为若干个分项工程,如图 1-1 所示。分清和掌握建设项目的划分,既是建设项目施工与建造的基本要求,也是建设项目工程造价控制的重要起点。

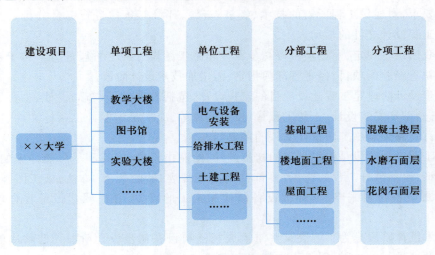

图 1-1　建设项目的划分

二、建设项目全过程

　　为了顺利完成建设项目的投资建设,通常将建设项目划分成若干个阶段,每个阶段定义一个或多个工作成果,用来确定希望达到的控制水平。在《建设项目全过程造价咨询规程》(CECA/GC 4—2017)中,建设项目全过程可划分为决策阶段、设计阶段、发承包阶段、实施阶段和竣工阶段五个阶段,如图 1-2 所示。

图 1-2　建设项目全过程

1. 建设项目决策阶段

　　决策是指做出决定或选择。决策要有明确的目标,有两个以上的备选方案,选择方案后必须实施方案。决策阶段是指经历提出问题、确立目标、设计方案和选择方案的过程。

　　建设项目决策可分为宏观决策和微观决策。宏观决策是指国家从国民经济和社会发展的全局性战略要求出发对一定时期的投资规模、方向、结构、布局进行规划,做出总的决定或选择。微观决策是指决策单位根据宏观战略要求,结合拟建项目的具体情况,对拟建项目是否投资以及投资的位置、最优开发方案、开发时机等做出的决定或选择。一般情况下,建设项目决策是指微观决策。

建设项目决策阶段是对拟建项目的必要性和可行性进行技术经济论证,对不同建设方案进行技术经济比较及做出判断和决定的过程。

2. 建设项目设计阶段

设计是基本建设的重要环节。建设项目选址和设计任务书确定后,设计决定了建设项目在技术上是否先进、在经济上是否合理。

在《建设工程勘察设计管理条例》(2017 年修订)中,建设工程设计是指根据建设工程的要求,对建设工程所需的技术、经济、资源、环境等条件进行综合分析、论证,编制建设工程设计文件的活动。

按我国现行规定,建设项目按初步设计和施工图设计两个阶段进行。对于技术复杂而又缺乏经验的项目,经主管部门指定,需增加技术设计阶段。

初步设计阶段是工程建设项目的宏观设计,包括总体设计、布局设计、主要工艺流程、设备选型和安装设计、土建工程量、投资概算等,应满足编制施工招标文件、主要设备材料订货和编制施工图设计文件的需要。

施工图设计阶段是根据批准的初步设计,绘制出正确、完整和尽可能详细的建筑、安装图纸,包括部分工程的详图,零部件结构明细表,验收标准、方法,施工图预算等,应当满足设备材料采购、非标准设备制作和施工的需要,并注明建设工程合理使用年限。

技术设计阶段是为了解决某些重大或特殊项目在初步设计阶段无法解决的某些技术问题而进行的,可根据工程的特点和需要自行制订,包括特殊工艺流程方面的试验、研究和确定,新型设备的试验、研制及确定,某些技术复杂需慎重对待的问题的研究和方案的确定等。

3. 建设项目发承包阶段

建筑工程的发包、承包活动是一项特殊的商品交易活动。《中华人民共和国建筑法》明确规定,建筑工程发包、承包以招标、投标为主,直接发包为辅;建筑工程承包合同应当采用书面形式。

建筑工程发包与承包是建设单位(或总承包单位)委托具有从事建筑活动法定从业资格的单位为其完成某建设项目全部或部分的交易行为。建设单位(或总承包单位)按约定支付报酬,承接任务方按约定取得报酬。

建设项目发承包阶段是建设单位(或总承包单位)通过招标或其他方式确定建设项目最优承接方,签订建筑工程承包合同的过程。

4. 建设项目实施阶段

建设项目的实施是利用人员、物资材料、机械设备和工艺装备等资源,通过施工工艺,按照规定的工期、费用和质量,把设计图纸转化成工程实体的过程。建设项目实施阶段既是建设项目价值和使用价值实现的主要阶段,也是整个项目建设过程中时间跨度最长、变化最多的阶段。

5. 建设项目竣工阶段

《建设项目(工程)竣工验收办法》明确指出,凡新建、扩建、改建的基本建设项目(工程)和技术改造项目,按批准的设计文件所规定的内容建成,符合验收标准的,必须及时组织验收,办理固定资产移交手续。竣工验收是全面考核建设工作,检查是否符合设计要求和工程质量的重要环节,对促进建设项目(工程)及时投产,发挥投资效果,总结建设经验有重要作用。

建设项目竣工阶段是指建设工程项目完成建设后,由投资主管部门会同建设、设计、施工、设备供应单位及工程质量监督等部门,对该项目是否符合规划设计要求以及建筑施工和设备安装质量进行全面检验后,取得竣工合格资料、数据和凭证的过程。

1.1.2 工程造价控制

控制是指行为主体为保证在变化的条件下实现其目标,按照事先拟定的计划和标准,采用各种方法,对被控对象在实施中发生的各种实际值与计划值进行对比、检查、监督、引导和纠正的过程。

建设项目从可行性研究开始经过初步设计、扩大初步设计、施工图设计、承发包、施工、调试、竣工投产、决算、后评估等的整个过程称为项目建设全过程。工程造价控制是对项目建设全过程造价的控制,即从项目可行性研究开始一直到项目竣工决算、后评估为止的工程造价的控制。

按照《建设项目全过程造价咨询规程》(CECA/GC 4—2017)规定,承担建设项目全过程造价咨询业务的企业应按照合同的要求,对合同中涉及的投资估算、设计概算、施工图预算、合同价、竣工结算等服务实施全过程造价咨询和全方位造价控制。

一、全过程造价咨询

全过程造价咨询是指工程造价咨询企业接受委托,依据国家有关法律、法规和建设行政主管部门的有关规定,运用现代项目管理的方法,以工程造价管理为核心、合同管理为手段,对建设项目各个阶段、各个环节进行计价,协助建设单位进行建设投资的合理筹措与投入,控制投资风险,实现造价控制目标的智力服务活动。

建设程序和各阶段工程造价确定与控制如图 1-3 所示。

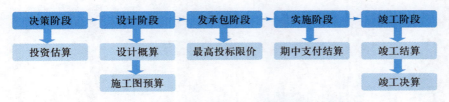

图 1-3 建设程序和各阶段工程造价确定与控制

1. 投资估算

在建设项目决策阶段,根据拟建项目的功能要求和使用要求做出项目定义,并按照项目规划的要求和内容,以及项目分析和研究的不断深入确定投资估算总额,将投资估算的误差率控制在允许的范围之内。投资估算指导和总体控制各阶段工程造价。

2. 设计概算

在初步设计阶段,运用设计标准与标准设计、价值工程和限额设计等方法,以可行性研究报告中被批准的投资估算为工程造价目标值,控制和修改初步设计以满足投资控制目标的要求。经批准的设计概算是工程造价控制的最高限额,也是控制工程造价的主要依据。

3. 施工图预算

在施工图设计阶段,以被批准的设计概算为控制目标,应用限额设计、价值工程等方法进行施工图设计。施工图预算通过对设计过程中所形成的工程造价层层限额把关,以实现工程项目设计阶段的工程造价控制目标。

4. 最高投标限价

在发承包阶段,以工程设计文件(包括概算、预算)为依据,结合工程施工的具体情况,如现场条件、市场价格或业主的特殊要求等,按照招标文件的规定编制工程量清单和最高投标限价,明确合同计价方式,初步确定工程的合同价。

建设方通过施工招标这一经济手段,择优选定承包方,不仅有利于确保工程质量和缩短工期,更有利于降低工程造价,是工程造价控制的重要手段。

5. 期中支付结算

实施阶段是工程造价执行和完成的阶段。在实施阶段,以工程合同价等为控制依据,按照承包人实际工程量,综合考虑物价变动、工程变更等因素确定工程进度款和结算款。

6. 竣工结算和决算

在竣工阶段,全面汇总项目建设过程中的实际支出,编制竣工决算,并总结经验,积累技术经济数据和资料,不断提高工程造价确定和控制水平。

二、全方位造价控制

全方位造价控制是指全过程造价咨询企业协助建设单位建立由项目设计、施工、监理等各方参与的造价确定与协同管控机制,并在项目实施各个阶段、各个环节对项目各专业造价采用预测、统筹、平衡、确定等手段实现工程造价动态控制的管理活动。

任务 1.2 组合工程造价

1.2.1 建设项目总投资构成

建设项目总投资是指投资主体为获取预期收益,在选定的建设项目上所需投入的全部资金。建设项目按用途可分为生产性建设项目和非生产性建设项目。

一、生产性建设项目总投资构成

生产性建设项目是指直接用于物质生产或者为满足物质生产需要的建设项目,包括工业建设项目、农业建设项目、基础设施建设项目和商业建设项目等。生产性建设项目总投资由固定资产投资和流动资产投资构成。

1. 固定资产投资

固定资产投资是社会固定资产再生产的主要手段,由建设投资和建设期利息构成。

（1）建设投资

根据国家发展和改革委员会（以下简称"国家发展改革委"）和原建设部发布的《建设项目经济评价方法与参数（第三版）》（发改投资〔2006〕1325 号）的规定，建设投资包括工程费用、工程建设其他费用和预备费三部分。

工程费用是指建设期内直接用于工程建造、设备购置及安装的建设投资，可以分为建筑安装工程费和设备及工器具购置费。

工程建设其他费用是指在建设期发生为项目建设或营运必须发生的但不包括在工程费用中的费用。

预备费是指在建设期内为应对各种不可预见因素的变化而预留的可能增加的费用，包括基本预备费和价差预备费。

（2）建设期利息

建设期利息主要是指工程项目在建设期内发生并计入固定资产的利息，主要是建设期发生的支付银行贷款、出口信贷、债券等的借款利息和融资费用。

2. 流动资产投资

流动资产投资是指投资主体用以获得流动资产的投资，即在投产前预先垫付以及在生产经营过程中周转使用的资金。

二、非生产性建设项目总投资构成

非生产性建设项目是指用于满足人民物质和文化生活需要的建设项目以及其他非物质生产的建设项目，包括办公用房建设项目、居住建设项目和其他建设项目等。非生产性建设项目总投资只有固定资产投资，不包括流动资产投资。

1.2.2　建设项目工程造价构成

从不同的主体出发，建设项目工程造价有不同的构成内容。

一、投资者角度

从投资者角度出发，建设项目工程造价是指有计划地建设某项工程，预期开支或实际开支的全部固定资产投资和流动资产投资的费用，是一种购买价格。除房地产项目外，投资者进行建设项目建造的目的一般是为了使用或生产，所以建设项目工程造价是投资成本费用的累加，即固定资产投资和流动资产投资的总和。

二、承包商角度

从承包商角度出发，建设项目工程造价是指为建设某项工程，预计或实际在土地市场、设备市场、技术劳务市场和承包市场等交易活动中，形成的工程发承包价格，是市场交易中的出售价格。其数额与建筑安装工程费用相等。

1.2.3　建设项目总投资与工程造价

建设项目总投资及工程造价构成的具体内容如图 1-4 所示。

固定资产投资和流动资产投资构成建设项目总投资，即生产性建设项目总投资，也是投资者角度工程造价。非生产性建设项目总投资只有固定资产投资，没有流动资产投资。承包商角度工程造价是建筑安装工程费。

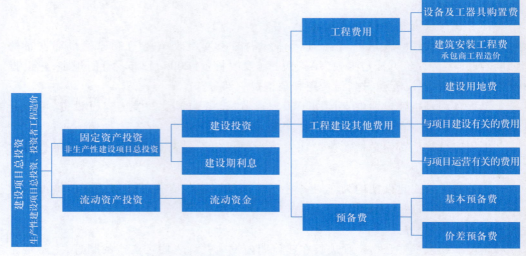

图1-4　建设项目总投资及工程造价构成的具体内容

任务1.3　确定工程造价

本任务主要是确定非生产性建设项目工程造价,即固定资产投资的构成和计算,其内容主要包括设备及工器具购置费、建筑安装工程费、工程建设其他费用、预备费和建设期利息。

1.3.1　设备及工器具购置费的计算

微课
设备及工器具购置费的构成和计算

《建设工程计价设备材料划分标准》(GB/T 50531—2009)指出,设备应按生产和生活使用目的分为工艺设备和建筑设备。其中,建筑设备是指房屋建筑及其配套的附属工程中电气、采暖、通风空调、给排水、通信及建筑智能等为房屋功能服务的设备;工艺设备是指为工业、交通等生产性建设项目服务的各类固定和移动设备,也就是这里的工具、器具和生产家具等。

设备及工器具购置费是由设备购置费和工具、器具及生产家具购置费组成的,它是固定资产投资中的积极部分。在生产性工程建设中,设备及工器具购置费用占工程造价比重的增大,意味着生产技术的进步和资本有机构成的提高。

微课
设备购置费计算案例(一)

一、设备购置费的构成和计算

设备购置费是指为建设项目购置或自制达到固定资产标准的各种国产或进口设备、工具、器具的购置费用。设备购置费由设备原价和设备运杂费构成。

$$设备购置费＝设备原价＋设备运杂费＝设备原价×(1＋设备运杂费率)　　　(1-1)$$

式中,设备原价为国产标准设备或进口设备的原价;设备运杂费为除设备原价之外的关于设备采购、运输、途中包装及仓库保管等方面支出费用的总和。

微课
设备购置费计算案例(二)

(一)设备原价

按照设备的来源不同,设备可分为国产标准设备、国产非标准设备和进口设备。

1. 国产标准设备原价

国产标准设备是指按照主管部门颁布的标准图纸和技术要求,由我国设备生产厂批量生产的,符合国家质量检验标准的设备。国产标准设备原价一般指的是设备制造厂的交货价,即出厂价或订合同价。一般根据生产厂或供应商的询价、报价、合同价确定。有的设备有两种出厂价,即带有备件的原价和不带备件的原价,在确定设备原价时,一般按带有备件的原价计算。

2. 国产非标准设备原价

国产非标准设备是指国家尚无定型标准,各设备生产厂不可能在工艺过程中采用批量生产,只能按一次订货,并根据具体的设计图纸制造的设备。非标准设备原价有多种不同的计算方法,如成本计算估价法、系列设备插入估价法、分部组合估价法和定额估价法等。但无论采用哪种方法都应使非标准设备的计价接近实际出厂价,并且计算方法简便。

按成本计算估价法,非标准设备的原价组成见表 1-1。

微课
设备购置费计算案例(三)

表 1-1　国产非标准设备原价组成

项目编号	项目	计算公式	注意事项
①	材料费	材料净重×(1+加工损耗系数)×每吨材料综合价	
②	加工费	设备总质量(吨)×设备每吨加工费	
③	辅助材料费	设备总质量×辅助材料费指标	
④	专用工具费	(①+②+③)×专用工具费率	
⑤	废品损失费	(①+②+③+④)×废品损失费率	
⑥	外购配套件费	根据相应的购买价格加上运杂费	
⑦	包装费	(①+②+③+④+⑤+⑥)×包装费率	计算包装费时应加上外购配件费用
⑧	利润	(①+②+③+④+⑤+⑦)×利润率	不计外购配件费
⑨	税金	销项税额＝销售额×适用增值税税率	主要指增值税销售额为前 8 项之和
⑩	非标准设备设计费	按国家规定的设计费收费标准计算	

微课
国产设备原价的构成与计算

非标准设备的原价计算式如下。

$$单台非标准设备原价 = \{[(材料费+加工费+辅助材料费)\times(1+专用工具费)$$
$$\times(1+废品损失费)+外购配套件费]\times(1+包装费)$$
$$-外购配套件费\}\times(1+利润率)+销项税金$$
$$+非标准设备设计费+外购配套件费 \qquad (1-2)$$

3. 进口设备原价的构成与计算

(1) 进口设备交货价

进口设备的交货类别可分为内陆交货类、目的地交货类和装运港交货类。内陆交货类是指卖方在出口国内陆的某个地点交货。目的地交货类是指卖方要在进口国的

微课
进口设备原价的构成与计算

港口或内地交货。装运港交货类是指卖方在出口国装运港完成交货任务。

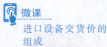
微课
进口设备交货价的组成

在《国际贸易术语解释通则》中指出,装运港交货主要有 FOB 价、CFR 价和 CIF 价三种。

FOB(Free on Board,船上交货),是指卖方以在指定装运港将货物装上买方指定的船舶或通过取得已交付至船上货物的方式交货,FOB 价俗称"离岸价"。

CFR(Cost and Freight,成本加运费),是指卖房必须在合同规定的装运期内,在装运港将货物交至运往指定目的港的船上,负担货物越过船舷以前为止的一切费用和货物灭失或损坏的风险,并负责租船订舱,支付至目的港的正常运费。CFR 价 = FOB 价 + F(运费),俗称"运费在内价"。

CIF(Cost,Insurance and Freight,成本、保险费加运费),是指在装运港当货物越过船舷时卖方即完成交货,CTF 价俗称"到岸价"。计算式如下。

$$CIF 价 = FOB 价 + I(保险费) + F(运费) \tag{1-3}$$

(2)进口设备原价

进口设备的原价是指进口设备的抵岸价,即抵达买方边境港口或边境车站,且交完关税为止形成的价格。以 FOB 价为交货价,其抵岸价构成如下。

$$进口设备原价(抵岸价) = 货价 + 国际运费 + 运输保险费 + 银行财务费 + 外贸手续费$$
$$+ 关税 + 增值税 + 消费税 + 海关监管手续费 + 车辆购置附加费 \tag{1-4}$$

式中,货价为装运港船上交货价(FOB 价)。设备货价分为原币货价和人民币货价,原币货价一律折算为美元表示,人民币货价按原币货价乘以外汇市场美元兑换人民币中间价确定。进口设备货价按有关生产厂商询价、报价、订货合同价计算。

国际运费为从装运港(站)到我国抵达港(站)的运费。我国进口设备大部分采用海洋运输方式,小部分采用铁路运输,个别采用航空运输。进口设备国际运费计算式如下。

$$国际运费(海、陆、空) = 原币货价(FOB 价) \times 运费率 \tag{1-5}$$
$$国际运费(海、陆、空) = 运量 \times 单位运价 \tag{1-6}$$

式中,运费率或单位运价参照有关部门或进出口公司的规定执行。

运输保险费为对外贸易货物运输保险,是由保险人(保险公司)与被保险人(出口人或进口人)订立保险契约,在被保险人交付议定的保险费后,保险人根据保险契约的规定对货物在运输过程中发生的承保责任范围内的损失给予经济上的补偿。这是一种财产保险。保险费率按保险公司规定的进口货物保险费率计算(中国人民保险公司收取的海运保险费约为货价的 0.266%,铁路运输保险费约为货价的 0.35%,空运保险费约为货价的 0.455%)。计算式如下。

$$运输保险费 = \frac{原币货价(FOB 价) + 国际运费}{1 - 保险费率} \times 保险费率 \tag{1-7}$$

银行财务费为中国银行手续费,银行财务费率一般为 0.4% ~ 0.5%。简化计算式如下。

$$银行财务费 = 人民币货价(FOB 价) \times 银行财务费率 \tag{1-8}$$

外贸手续费为按商务部规定的外贸手续费率计取的费用,外贸手续费率一般取 1.5%。计算式如下。

$$外贸手续费 = (装运港船上交货价 + 国际运费 + 运输保险费) \times 外贸手续费率 \tag{1-9}$$

关税为由海关对进出国境或关境的货物和物品征收的一种税,其计算式如下。

$$关税 = 到岸价格(CIF 价) \times 进口关税税率 \qquad (1-10)$$

式中,到岸价格(CIF 价)包括装运港船上交货价(FOB 价)、国际运费、运输保险费等费用,它作为关税完税价格。进口关税税率实行优惠和普通两种税率。优惠税率适用于与我国订有关税互惠条款贸易条约或协定的国家的进口设备;普通税率适用于产自与我国未订有关税互惠条款贸易条约或协定的国家的进口设备。进口关税税率按我国海关总署发布的进口关税税率计算。

增值税为对从事进口贸易的单位和个人,在进口商品报关进口后征收的税种。《中华人民共和国增值税暂行条例》规定,进口应税产品均按组成计税价格和增值税税率直接计算应纳税额,增值税税率根据规定的税率计算。增值税计算式如下。

$$进口产品增值税额 = 组成计税价格 \times 增值税税率 \qquad (1-11)$$
$$组成计税价格 = 关税完税价格 + 关税 + 消费税 \qquad (1-12)$$

消费税为对部分进口设备(如轿车、摩托车等)征收的税种,消费税税率根据规定的税率计算。计算式如下。

$$应纳消费税额 = \frac{到岸价 + 关税}{1 - 消费税税率} \times 消费税税率 \qquad (1-13)$$

海关监管手续费为海关对进口减税、免税、保税货物实施监督、管理、提供服务的手续费。对于全额征收进口关税的货物,不计本项费用。海关监管手续费率一般为 0.3%。计算式如下。

$$海关监管手续费 = 到岸价 \times 海关监管手续费率 \qquad (1-14)$$

车辆购置附加费为进口车辆需缴纳的费用。计算式如下。

$$进口车辆购置附加费 = (到岸价 + 关税 + 消费税 + 增值税) \times 进口车辆购置附加费率 \qquad (1-15)$$

对于进口设备计算中价格内涵及一些税费计算基数,总结见表 1-2。

表 1-2　进口设备计算中价格内涵与税费计算基数一览表

序号	价格种类	FOB价	运费	保险费	银行手续费	外贸费	关税	增值税	消费税	海关监管手续费	车辆附加费
1	离岸价(FOB 价)	√									
2	运费在内价(CFR 价)	√	√								
3	到岸价(CIF 价)	√	√	√							
4	银行手续费基数*	√									
5	外贸费取费基数*	√	√	√							
6	关税基数	√	√	√							
7	增值税基数	√	√	√			√				
8	消费税基数	√	√	√			√		√		
9	海关监管手续费基数*	√	√	√							
10	车辆附加费基数	√	√	√			√	√	√		
11	设备原价(抵岸价)	√	√	√	√	√	√	√	√	√	√

*:银行手续费、外贸费、海关监管手续费未作为计费基数。

（二）设备运杂费

设备运杂费通常由运费和装卸费、包装费、设备供销部门的手续费、采购与仓库保管费等项目组成。

1. 运费和装卸费

国产标准设备的运费和装卸费是指由设备制造厂交货地点起至工地仓库（或施工组织设计指定的需要安装设备的堆放地点）止所发生的运费和装卸费。进口设备的运费和装卸费是指我国到岸港口、边境车站起至工地仓库（或施工组织设计指定的需安装设备的堆放地点）止所发生的运费和装卸费。

2. 包装费

包装费是指在设备原价中没有包含的，为运输而进行的包装支出的各种费用。

3. 设备供销部门的手续费

设备供销部门的手续费按有关部门规定的统一费率计算。

4. 采购与仓库保管费

采购、验收、保管和收发设备所发生的各种费用，包括设备采购人员、保管人员和管理人员的工资、工资附加费、办公费、差旅交通费，设备供应部门办公和仓库所占固定资产使用费、工具用具使用费、劳动保护费、检验试验费等。这些费用可按主管部门规定的采购保管费率计算。

设备运杂费率按各部门及省、市等的规定计取。设备运杂费的计算式如下。

$$设备运杂费 = 设备原价 \times 设备运杂费率 \tag{1-16}$$

[例 1-1]　某工程进行施工招标，其中有一种设备需从国外进口，招标文件中规定投标者必须对其做出详细报价。某资格审查合格的施工单位，对该设备的报价资料做了充分调查，所得数据如下：该设备重 1 000 t；在某国的装运港船上交货价为 100 万美元；海洋运费为 300 美元/t；运输保险费率为 0.2%；银行财务费率为 0.5%；外贸手续费率为 1.5%；关税税率为 20%；增值税税率为 17%；设备运杂费率为 2.5%。要求：根据上述资料计算出该设备购置费详细报价（以人民币计，当时汇率 1 美元 = 6.85 元人民币）。

解：① 进口设备的货价（FOB 价）= 外币金额 × 银行牌价 = 1 000 000 × 6.85 = 6 850 000（元）

② 进口设备的国际运费 = 300 × 1 000 × 6.85 = 2 055 000（元）

③ 运输保险费 $= \dfrac{6\ 850\ 000 + 2\ 055\ 000}{1 - 0.2\%} \times 0.2\% = 17\ 845.69$（元）

④ 银行财务费 = FOB 价 × 0.5% = 6 850 000 × 0.5% = 34 250（元）

⑤ 外贸手续费 =（FOB 价 + 国际运费 + 运输保险费）× 1.5% =（6 850 000 + 2 055 000 + 17 845.69）× 1.5% = 133 842.69（元）

⑥ 关税 = 到岸价 × 关税税率

　　　　=（6 850 000 + 2 055 000 + 17 845.69）× 20%

　　　　= 1 784 569.14（元）

⑦ 进口产品增值税额 = 组成计税价格 × 增值税税率

组成计税价格 = 关税完税价格 + 关税 + 消费税

　　　　=（FOB 价 + 国际运费 + 运输保险费）+ 关税 + 0

　　　　= 6 850 000 + 2 055 000 + 17 845.69 + 1 784 569.14

$$= 10\ 707\ 414.83(元)$$

增值税额 $= 10\ 707\ 414.83 \times 17\% = 1\ 820\ 260.52(元)$

⑧ 进口设备的抵岸价（原价）

$= 6\ 850\ 000 + 2\ 055\ 000 + 17\ 845.69 + 34\ 250 + 133\ 842.69 + 1\ 784\ 569.14 + 1\ 820\ 260.52$

$= 12\ 695\ 768.04(元)$

⑨ 设备购置费 = 设备原价 + 设备运杂费

$$= 12\ 695\ 768.04 \times (1 + 2.5\%)$$

$$= 13\ 013\ 162.24(元)$$

该设备购置费详细报价为 13 013 162.24 元。

二、工器具及生产家具购置费的构成和计算

工器具及生产家具购置费是指新建或扩建项目初步设计规定的,保证初期正常生产必须购置的没有达到固定资产标准的设备、仪器、工卡模具、器具、生产家具和备品备件等的费用。一般以设备购置费为计算基数,按照部门或行业规定的工具、器具及生产家具费率计算。计算式如下。

$$工器具及生产家具购置费 = 设备购置费 \times 定额费率 \qquad (1-17)$$

1.3.2　建筑安装工程费的计算

微课
建筑安装工程费用构成和计算（一）

建筑安装工程费是指建设单位支付给从事建筑安装工程施工单位的全部生产费用,包括用于建筑物、构筑物的建造及有关的准备、清理等工程的投资,用于需要安装设备的安装工程的投资。根据《关于印发〈建筑安装工程费用项目组成〉的通知》（建标〔2013〕44 号）,以及《住房城乡建设部办公厅关于做好建筑业营改增建设工程计价依据调整准备工作的通知》（建办标〔2016〕4 号）,建筑安装工程费有两种划分。建筑安装工程费按费用要素划分的构成如图 1-5 所示,按造价形成划分的构成如图 1-6 所示。建筑安装工程费的估算方法见项目 2 相关内容;概算方法见项目 3 相关内容。

微课
建筑安装工程费用构成和计算（二）

1.3.3　工程建设其他费用的计算

工程建设其他费用是指从工程筹建起到工程竣工验收交付使用止的整个建设期间,除建筑安装工程费和设备及工、器具购置费以外的,为保证工程建设顺利完成和交付使用后能够正常发挥效用而发生的各项费用。按其内容大体可分为土地使用费、与项目建设有关的费用以及与未来企业生产和经营活动有关的其他费用三大类。

微课
土地使用费的构成

一、土地使用费的构成和计算

土地使用费是指建设项目依法取得土地使用权所需支付的各项费用（不包括使用以后按年缴纳的土地使用税）。通过划拨方式取得土地使用权的,土地使用费为土地征用及迁移补偿费。通过出让方式取得土地使用权的,土地使用费除土地征用及迁移补偿费外,还包括按规定缴纳的土地出让金。无论以何种方式获取土地使用权,如果获取的土地为耕地,还需计算耕地占用税等。土地征用及迁移补偿费、耕地占用税等根据征用建设用地面积、临时用地面积,按建设项目所在省（自治区、直辖市）人民政府制定颁发的税费标准计算。

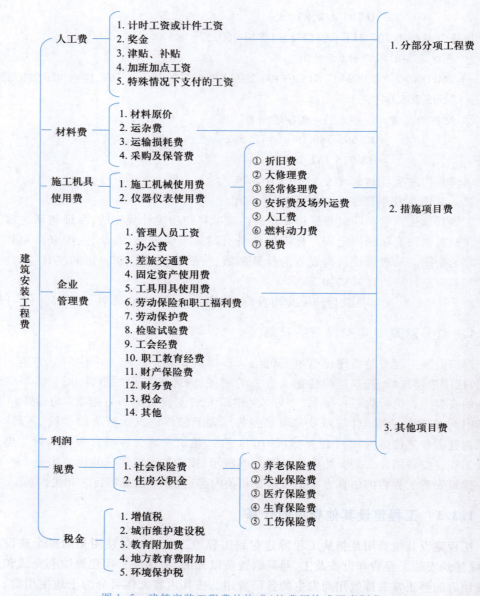

图 1-5　建筑安装工程费的构成(按费用构成要素划分)

二、与项目建设有关的费用的构成和计算

与项目建设有关的费用包括建设管理费、可行性研究费、研究试验费、专项评价费、场地准备及临时设施费、工程保险费、特殊设备安全监督检验费、市政公用设施费、勘察费、设计费等。按各项费用的费率或取费标准计算。

(一)建设管理费

建设管理费是指建设项目从立项、筹建、建设、联合试运转到竣工验收交付使用全过程管理所需的费用,包括建设单位管理费、工程监理费和总承包管理费。

1. 建设单位管理费

建设单位管理费包括办公费、差旅交通费、招募生产工人费、技术图书资料费、业

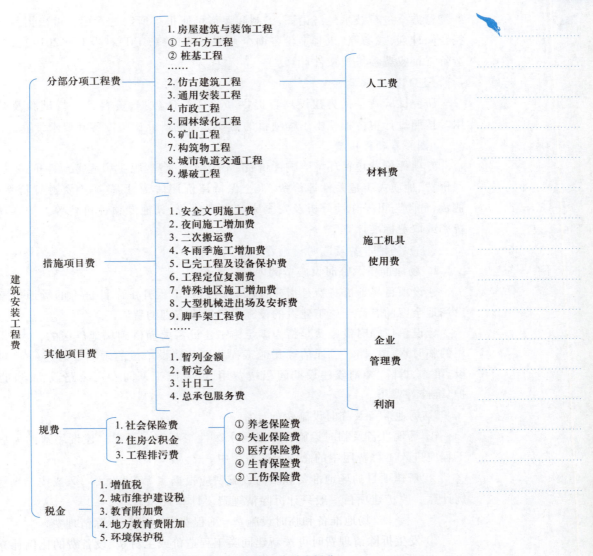

图 1-6　建筑安装工程费的构成(按造价形成划分)

务招待费等。计算基础为工程费用,计算式如下。

$$建设管理费=工程费用×建设管理费率 \quad (1-18)$$

2. 工程监理费

工程监理是受建设单位委托的工程建设技术服务,属建设管理范畴。监理费根据委托的监理工作范围和监理深度在监理合同中商定,或按当地或所属行业部门有关规定计算。

3. 总承包管理费

采用工程总承包的建设管理,其总包管理费由建设单位与总包单位根据总包工作范围在合同中商定,在建设管理费中支出。

(二)可行性研究费

可行性研究费是指投资决策阶段,依据调研报告对有关建设方案、技术方案或生产经营方案进行技术经济论证、编制和评审可研报告所需的费用。可依据前期研究委托合同计列，或参照《工程造价咨询企业服务清单》（CECA/GC 11—2019）及当地相应造价咨询收费参考价文件计算。

（三）研究试验费

研究试验费是指为建设项目提供和验证设计数据、资料等进行试验及验证的费用。按照设计单位根据本工程项目的需要提出的研究试验内容和要求计算。

（四）专项评价费

专项评价费包括环境影响评价费、安全预评价费、职业病危害预评价、地震安全性评价费、地质灾害危险性评价费、水土保持评价评估费、压覆矿产资源评价费、节能评估费、危险与可操作性分析及安全完整性评价费、其他专项评价费等。按各项费用的费率或取费标准计算。

（五）场地准备及临时设施费

1. 场地准备及临时设施费的内容

建设项目场地准备费是指建设项目为达到工程开工条件进行的场地平整和对建设场地余留的有碍于施工建设的设施进行拆除清理的费用。

建设单位临时设施费是指为满足施工建设需要而供到场地界区的，未列入工程费用的临时水、电、路、气、通信等其他工程费用和建设单位的现场临时建（构）筑物的搭设、维修、拆除、摊销或建设期间租赁费用，以及施工期间专用公路或桥梁的加固、养护、维修等费用。

2. 场地准备及临时设施费的计算

① 场地准备及临时设施应尽量与永久性工程统一考虑。建设场地的大型土石方工程应进入工程费用中的总图运输费用中。

② 新建项目的场地准备和临时设施费应根据实际工程量估算，或按工程费用的比例计算。改扩建项目一般只计拆除清理费。计算式如下。

$$场地准备和临时设施费=工程费用\times费率+拆除清理费 \qquad (1-19)$$

③ 发生拆除清理费时可按新建同类工程造价或主材费、设备费的比例计算。凡可回收材料的拆除工程采用以料抵工方式冲抵拆除清理费。

④ 此项费用不包括已列入建筑安装工程费用中的施工单位临时设施费用。

（六）工程保险费

工程保险费是指建设项目在建设期间根据需要实施工程保险所需的费用，包括建筑安装工程一切险、工程质量保险、引进设备财产保险和人身意外伤害险等。工程保险费根据不同的工程类别，分别以其建筑、安装工程费乘以建筑、安装工程保险费率计算。

（七）特殊设备安全监督检验费

特殊设备安全监督检验费是指安全监察部门对在施工现场组装的锅炉及压力容器、压力管道、消防设备、燃气设备、电梯等特殊设备和设施实施安全检验收取的费用。按省、自治区、直辖市安全监察部门的规定标准计算，无规定的，可按受检设备现场安装费的比例计算。

（八）市政公用设施费

市政公用配套设施可以是界区外配套的水、电、路、信等，包括绿化、人防等缴纳的费用。此项费用按工程所在地人民政府规定标准计列。

三、与未来企业生产和经营活动有关的其他费用的构成和计算

与未来企业生产和经营活动有关的其他费用，包括联合试运转费、专利及专有技术使用费、生产准备费。

（一）联合试运转费

联合试运转费是指对整个生产线或装置进行负荷联合试运转所发生的费用净支出。计算式如下。

$$净支出 = 试运转支出 - 试运转收入 \tag{1-20}$$

微课

与未来生产经营有关的其他费用构成

式中，支出包括试运转所需原材料、燃料及动力消耗、低值易耗品、其他物料消耗、工具用具使用费、机械使用费、保险金、施工单位参加试运转人员工资以及专家指导费；收入包括试运转期间的产品销售收入和其他收入。不包括设备安装工程费开支的调试及试车费用，以及在试运转中暴露的因施工原因或设备缺陷等发生的处理费用。

（二）专利及专有技术使用费

1. 专利及专有技术使用费的内容

专利及专有技术使用费包括国外设计及技术资料费，引进有效专利、专有技术使用费和技术保密费，国内有效专利、专有技术使用费，商标权、商誉和特许经营权费等。

2. 专利及专有技术使用费的计算

专有技术的界定应以省、部级鉴定的批准为依据。专利及专有技术使用费按专利使用许可协议和专有技术使用合同的规定计列。在项目投资中只计算建设期支付的此项费用，生产期支付的应在生产成本中核算。为项目配套的专用设施投资，包括专用铁路、公路、通信设施等，由建设单位投资但无产权的，作无形资产处理。

商标权、商誉及特许经营权费一次性支付，按协议或合同计列。协议或合同中规定在生产期支付的，在生产成本中核算。

（三）生产准备费

生产准备费是指新建企业或新增生产能力的企业，为保证竣工交付使用进行必要的生产准备所发生的费用。

1. 生产准备费的内容

生产人员培训费包括自行培训、委托其他单位培训的人员的工资、工资性补贴、职工福利费、差旅交通费、学习资料费、学习费、劳动保护费等。

生产单位提前进场参加施工、设备安装、调试等以及熟悉工艺流程及设备性能等人员的工资、工资性补贴、职工福利费、差旅交通费、劳动保护费等。

2. 生产准备费的计算

生产准备费一般根据需要培训和提前进厂人员的人数及培训时间按生产准备费指标进行估算。计算式如下。

$$生产准备费 = 设计定员（新增） \times 生产准备费指标 \tag{1-21}$$

生产准备费在实际执行中是一笔在时间上、人数上、培训深度上很难划分的、活口很大的支出，尤其要严格掌握。

1.3.4 预备费的计算

按我国现行规定,预备费包括基本预备费和价差预备费。

一、基本预备费的构成和计算

基本预备费是指在初步设计及概算内难以预料的工程费用,包括以下内容。

① 在批准的初步设计范围内,技术设计、施工图设计及施工过程中所增加的工程费用;设计变更、局部地基处理等增加的费用。

② 一般自然灾害造成的损失和预防自然灾害所采取的措施费用。实行工程保险的工程项目费用应适当降低。

③ 竣工验收时为鉴定工程质量对隐蔽工程进行必要的挖掘和修复费用。

基本预备费以设备及工器具购置费、建筑安装工程费和工程建设其他费用三者之和为计取基数,乘以基本预备费率进行计算。计算式如下。

$$\text{基本预备费} = \left(\begin{array}{c} \text{设备及工器具} \\ \text{购置费} \end{array} + \begin{array}{c} \text{建筑安装} \\ \text{工程费} \end{array} + \begin{array}{c} \text{工程建设} \\ \text{其他费用} \end{array} \right) \times \begin{array}{c} \text{基本} \\ \text{预备费率} \end{array} \quad (1-22)$$

基本预备费率的大小,应根据建设项目的设计阶段和具体的设计深度,以及在估算中所采用的各项估算指标与设计内容的贴近度、项目所属行业主管部门的具体规定确定。

二、价差预备费的构成和计算

价差预备费是指建设项目在建设期间内由于价格等变化引起工程造价变化而预留的可能增加的费用。价差预备费的内容包括人工、设备、材料、施工机械的价差费,建筑安装工程费及工程建设其他费用调整,利率、汇率调整等增加的费用。

价差预备费一般根据国家规定的投资综合价格指数,按照估算年份价格水平的投资额为基数,采用复利方法计算。计算式如下。

$$PF = \sum_{t=0}^{n} I_t \left[(1+f)^m (1+f)^{0.5} (1+f)^{t-1} - 1 \right] \quad (1-23)$$

式中:PF——价差预备费;

n——建设期,年;

I_t——建设期中第 t 年投入的静态投资计划额;

f——年涨价率,%;

m——建设前期年限(从编制估算到开工建设);

t——年度数。

[例1-2] 某新建项目静态投资额为 8 000 万元,按本项目进度计划,项目建设期为 3 年,3 年的投资计划比例分别为 20%、50%、30%,预测建设期内年平均价格变动率为 3%,建设前期年限为 1 年。要求:计算该项目建设期的价差预备费。

解:① 分别计算每一年的静态投资计划额。

计算第一年静态投资计划额:

$I_1 = 8\ 000 \times 20\% = 1\ 600 (\text{万元})$

$PF_1 = I_1 \left[(1+f)^1 (1+f)^{0.5} (1+f)^0 - 1 \right]$

$\quad\quad = 1\ 600 \times \left[(1+3\%)^1 \times (1+3\%)^{0.5} \times (1+3\%)^0 - 1 \right]$

$$= 72.54（万元）$$

计算第二年静态投资计划额：

$$I_2 = 8\ 000 \times 50\% = 4\ 000（万元）$$

$$PF_2 = I_2\left[(1+f)^1(1+f)^{0.5}(1+f)^1-1\right]$$
$$= 4\ 000 \times \left[(1+3\%)^1 \times (1+3\%)^{0.5} \times (1+3\%)^1-1\right]$$
$$= 306.78（万元）$$

计算第三年静态投资计划额：

$$I_3 = 8\ 000 \times 30\% = 2\ 400（万元）$$

$$PF_3 = I_3\left[(1+f)^1(1+f)^{0.5}(1+f)^2-1\right]$$
$$= 2\ 400 \times \left[(1+3\%)^1 \times (1+3\%)^{0.5} \times (1+3\%)^2-1\right]$$
$$= 261.59（万元）$$

② 计算建设期价差预备费。

$$PF = 72.54 + 306.78 + 261.59 = 640.91（万元）$$

1.3.5 建设期利息的计算

微课
建设期利息概念及
计算

建设期利息是指建设单位为项目融资而向银行贷款，在项目建设期内应偿还的贷款利息。估算建设期利息，需要根据项目进度计划，提出建设投资分年计划，列出各年投资额，并明确其中的外汇和人民币汇率。

为简化计算，建设期贷款一般按贷款计划分年均衡发放，建设期利息的计算可按当年贷款在年中支用考虑，即当年贷款按半年计息，上年贷款按全年计息。每年应计利息的近似计算式如下。

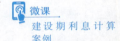
微课
建设期利息计算
案例

$$\text{每年应计利息} = \left(\text{年初贷款本息累计} + \frac{\text{本年贷款额}}{2}\right) \times \text{年利率} \qquad (1-24)$$

注意：计息周期小于一年时，上述公式中的年利率应为有效年利率，则有效年利率的计算式如下。

$$\text{有效年利率} = \left(1 + \frac{r}{m}\right)^m - 1 \qquad (1-25)$$

式中：r——名义年利率；

m——每年计息次数。

[例1-3] 某新建项目，建设期为3年，第一年贷款额为300万元，第二年贷款额为600万元，第三年贷款额为400万元，贷款年利率为6%。要求：计算3年建设期利息。

解：第一年建设期利息 $= \left(\text{年初贷款本息累计} + \dfrac{\text{本年贷款额}}{2}\right) \times \text{年利率}$

$$= (300 \div 2) \times 6\% = 9（万元）$$

第二年建设期利息 $= \left(\text{年初贷款本息累计} + \dfrac{\text{本年贷款额}}{2}\right) \times \text{年利率}$

$$= (300 + 9 + 600 \div 2) \times 6\% = 36.54（万元）$$

第三年建设期利息 $= \left(\text{年初贷款本息累计} + \dfrac{\text{本年贷款额}}{2}\right) \times \text{年利率}$

$$=(300+9+600+36.54+400\div2)\times6\%=68.72(万元)$$

3 年建设期利息 $=9+36.54+68.72=114.26$（万元）

[例 1-4] 某新建项目建设投资 11 196.96 万元，其中自有资金为 5 000 万元，其余为银行贷款，贷款年利率为 6%。根据本项目进度计划，项目建设期为 3 年，3 年的投资计划比例分别为 20%、50%、30%，先使用自有资金，然后再向银行贷款。要求：计算 3 年建设期利息。

解：第一年投资计划额 $=11\ 196.96\times20\%=2\ 239.39$（万元）

第一年不需要贷款。

第二年投资计划额 $=11\ 196.96\times50\%=5\ 598.48$（万元）

第二年贷款额 $=2\ 239.39+5\ 598.48-5\ 000=2\ 837.87$（万元）

第二年建设期利息 $=\left(年初贷款本息累计+\dfrac{本年贷款额}{2}\right)\times年利率$

$$=(2\ 837.87\div2)\times6\%$$

$$=85.14（万元）$$

第三年投资计划额 $=11\ 196.96\times30\%=3\ 359.09$（万元）

第三年贷款额 $=3\ 359.09$（万元）

第三年建设期利息 $=\left(年初贷款本息累计+\dfrac{本年贷款额}{2}\right)\times年利率$

$$=(2\ 837.87+85.14+3\ 359.09\div2)\times6\%$$

$$=276.15（万元）$$

3 年建设期利息 $=85.14+276.15=361.29$（万元）

 复习题

1. 思考题

（1）简述工程造价控制的概念。

（2）工程造价控制有哪几个主要环节？

（3）可行性研究报告在什么阶段编制？

（4）工程造价控制的关键在什么阶段？

（5）简述建设程序。

（6）什么是全过程工程造价管理咨询？

（7）建设项目全过程工程造价管理咨询主要工作内容包括哪些？

（8）简述建设项目总投资及工程造价构成的具体内容。

2. 案例题

某新建项目工程费用为 6 000 万元，工程建设其他费用为 2 000 万元，建设期 3 年，基本预备费率为 5%，预计年平均价格上涨率为 3%，项目建设前期年限为 1 年。该项目的实施计划进度为：第 1 年完成项目全部投资的 20%，第 2 年完成项目全部投资的 55%，第 3 年完成项目全部投资的 25%。本项目自有资金 4 000 万元，其余为贷款，贷款年利率为 6%（按半年计息）。在投资过程中，先使用自有资金，然后才向银行贷款。要求：计算该项目价差预备费和建设期贷款利息。

项目 2

决策阶段造价控制

学习重点

1. 静态投资估算。
2. 流动资金估算。
3. 建设项目财务数据测算。
4. 建设项目财务评价报表编制。
5. 建设项目财务评价指标计算与评价。
6. 建设项目不确定性分析。
7. 建设项目投资方案比较与选择。

相关政策法规

《建设项目全过程造价咨询规程》(CECA/GC 4—2017)。
《建设工程造价咨询规范》(GB/T 51095—2015)。
《建设项目投资估算编审规程》(CECA/GC 1—2015)。
《建设项目经济评价方法与参数(第三版)》。

建设项目决策阶段是项目建设的初始阶段,做好建设项目决策阶段工作对建设项目造价控制起着重要的作用。

任务 2.1 确定工程造价

2.1.1 建设项目决策的含义

建设项目决策是指根据预期的投资目标,拟定若干个有价值的投资方案,并运用科学的方法对这些方案进行分析、比较和选择,从而确定最佳的投资方案。项目投资决策是投资行动的准则,正确的项目投资行动来源于正确的项目投资决策。由此可见,项目决策正确与否,直接关系到项目建设的成败,关系到工程造价的高低及投资效果的好坏。正确决策是合理控制工程造价的前提。

2.1.2 建设项目决策阶段与工程造价的关系

1. 项目决策的内容是决定工程造价的基础

工程造价的确定与控制贯穿于项目建设全过程。在项目建设各阶段中,投资决策阶段对工程造价的影响程度最高,可达到 80% ~ 90%。项目决策的内容是决定工程造价的基础,直接影响着决策阶段之后的各个建设阶段工程造价的确定与控制是否科学、合理的问题。

2. 建设项目投资额多少影响项目最终决策

决策阶段投资额的多少,对投资方案的选择极其重要。如果某投资方案技术先进,但投资额太高,投资者没有能力解决经济上的问题,则该项目最终被放弃;同时,在建设项目可行性研究报告审批阶段,根据项目投资额的大小归口不同的主管部门审批。投资额越高,决策难度越大。

3. 投资估算的精确度影响工程造价的控制效果

投资决策过程是一个渐进的阶段性过程,不同阶段决策的深度不同,投资估算的精确度也不同。在项目建设各阶段中,投资估算作为限额目标,必须采用科学的估算方法和可靠的数据资料进行合理地计算,才能保证其他阶段的造价被控制在合理范围内,使投资控制目标能够实现,避免"三超"(投资估算超过设计概算、设计概算超过施工图预算、工程结算超过竣工决算)现象的发生。

投资估算是在项目投资决策的过程中,依据现有的资料和特定的方法对建设项目的投资数额进行的估计。在决策阶段,由于条件限制,考虑因素不够成熟,不可预见的因素非常大,投资估算的难度较大,在估算中体现出以下特点。

① 项目设计方案较粗略,技术条件内容较粗浅,假设因素较多。

② 项目技术条件的伸缩性大,估算工作难度大,需要留有一定的调整空间。

③ 采用的静态投资估算方法,简单粗糙,需要较强的技术经济分析的经验。

④ 估算工作涉及面较广、政策性强,对估算人员业务素质要求较高。

投资估算的编制一般包含静态投资、动态投资与流动资金估算三部分。其中,静态投资包括工程费用、工程建设其他费用和基本预备费;动态投资包括价差预备费和建设期利息。建设项目投资估算内容如图 2-1 所示。

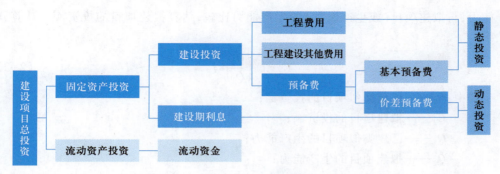

图 2-1　建设项目投资估算内容

2.1.3　静态投资估算

一、单位生产能力估算法

单位生产能力估算法依据调查的统计资料,利用已经建成的性质类似、规模相近的建设项目的单位生产能力投资(如元/t、元/kW)乘以拟建项目的生产能力,即得拟建项目投资额。计算式如下。

$$C_2 = \left(\frac{C_1}{Q_1}\right) Q_2 f \qquad (2-1)$$

式中:C_1——已建类似项目的投资额;

C_2——拟建项目的投资额;

Q_1——已建类似项目的生产能力;

Q_2——拟建项目的生产能力;

f——因建设时期和建设地点不同而产生的定额、单价、费用等差异的综合调整系数。

单位生产能力估算法将建设项目的投资与其生产能力的关系视为简单的线性关系,估算结果的精确度较差。由于在实际工作中不易找到与拟建项目完全类似的项目,通常是把项目按其下属的车间、设施和装置进行分解,分别套用类似车间、设施和装置的单位生产能力投资指标计算,然后加总求得项目建设投资额。或根据拟建项目的规模和建设条件,将投资进行适当的调整后估算项目的投资额。

单位生产能力估算法主要用于新建项目和装置的估算,该方法要求估算人员有足够多的典型工程的历史数据。

[例 2-1]　某地拟建一座有 400 套客房的豪华宾馆。在该地,近期竣工另一座有 300 套客房的豪华宾馆,其建设投资为 1 200 万元。要求:试估算拟建项目的建设投资额。(综合调整系数为 0.9)

解:采用单位生产能力估算法估算拟建项目建设投资额

$$C_2 = \left(\frac{C_1}{Q_1}\right) Q_2 f = \frac{1\ 200}{300} \times 400 \times 0.9 = 1\ 440\ (万元)$$

二、生产能力指数法

生产能力指数法根据已建成的性质相似的建设项目(或生产装置)的投资额和生

产能力,与拟建项目(或生产装置)的生产能力比较,估算拟建项目的投资额。计算式如下。

$$C_2 = C_1 \left(\frac{Q_2}{Q_1}\right)^n f \qquad (2-2)$$

式中:C_1——已建类似项目的投资额;

　　　C_2——拟建项目的投资额;

　　　Q_1——已建类似项目的生产能力;

　　　Q_2——拟建项目的生产能力;

　　　f——因建设时期和建设地点不同而产生的定额、单价、费用等差异的综合调整系数;

　　　n——生产能力指数。

生产能力指数法通常用于估算拟建成套生产工艺设备的投资额,其生产能力指数的取值为 $0 \leqslant n \leqslant 1$。当生产规模扩大不超过 9 倍,仅变化设备的尺寸时,n 取值为 $0.6 \sim 0.7$;当设备尺寸变化不大,仅扩大规模时,n 取值为 $0.8 \sim 1$;试验性生产工厂和高温、高压的生产性工厂,n 取值为 $0.3 \sim 0.5$。以上这些系数不能用于规模扩大在 50 倍以上的工厂。

[例2-2]　2020 年某地动工兴建一个年产 15 亿粒药品的医药厂,已知 2016 年该地生产同样产品的某医药厂,其年产量为 6 亿粒,当时购置的生产工艺设备为 4 000 万元,其生产能力指数为 0.7。根据统计资料,该地区近几年总体物价上涨率为 8%。要求:试估算年产 15 亿粒药品的生产工艺设备购置费。

解:采用生产能力指数法估算拟建项目生产工艺设备购置费

$$C_2 = C_1 \left(\frac{Q_2}{Q_1}\right)^n f = 4\,000 \times \left(\frac{150\,000}{60\,000}\right)^{0.7} \times (1+8\%) = 8\,204.30 (万元)$$

生产能力指数法与单位生产能力指数法相比精确度略高,其误差可控制在 ±20% 以内,尽管估价误差仍较大,但有它独特的好处:这种估价方法不需要详细的工程设计资料,只知道工艺流程及规模即可,在总承包工程报价时,承包商大多采用这种方法估价。

三、系数估算法

系数估算法是根据已知的拟建项目的主体工程费或主要生产工艺设备费为基数,以其他辅助或配套工程费占主体工程费或主要生产工艺设备费的百分比为系数,估算拟建项目相关投资额的方法。系数估算法主要应用于设计深度不足,拟建项目与已建项目的主要生产工艺设备投资比重较大,行业内相关系数等基础资料完备的情况。

系数估算法的种类很多,在国内常用的方法有设备系数法和主体专业系数法,世界银行项目投资估算常用的方法是朗格系数法。

(一) 设备系数法

设备系数法是指以拟建项目的设备费为基数,根据已建成的同类项目的建筑安装费和其他工程费等与设备价值的百分比,求出拟建项目建筑安装工程费和其他工程费,进而求出建设项目投资额。计算式如下。

$$C = E(1 + f_1 P_1 + f_2 P_2 + f_3 P_3 + \cdots) + I \qquad (2-3)$$

式中：　C——拟建建设项目的投资额；

　　　　E——根据拟建项目或装置的设备清单按当时当地价格计算的设备费（包括运杂费）的总额；

　　　　I——根据具体情况计算的拟建建设项目其他各项基本建设费用；

$P_1,P_2,P_3\cdots\cdots$——由于建设时间地点而产生的定额水平、建筑安装材料价格、费用变更和调整等综合调整系数；

$f_1,f_2,f_3\cdots\cdots$——由于建设时间地点而产生的定额水平、建筑安装材料价格、费用变更和调整等综合调整系数。

[例2-3]　某拟建项目设备购置费为 15 000 万元，根据已建同类项目统计资料，建筑工程费占设备购置费的 23%，安装工程费占设备购置费的 9%，该拟建项目的其他有关费用估计为 2 600 万元，调整系数 f_1、f_2 均为 1.1。要求：试估算该项目的建设投资。

解：采用设备系数法估算该项目的建设投资

$$C=E(1+f_1P_1+f_2P_2)+I$$
$$=15\ 000\times(1+23\%\times1.1+9\%\times1.1)+2\ 600$$
$$=22\ 880（万元）$$

（二）主体专业系数法

主体专业系数法是以拟建项目中投资比重较大，并与生产能力直接相关的工艺设备投资为基数，根据同类型的已建项目的有关统计资料，各专业工程（总图、土建、暖通、给排水、管道、电气，电信及自控等）占工艺设备投资（包括运杂费和安装费）的百分比，据以求出拟建项目各专业工程的投资，然后把各部分投资（包括工艺设备投资）相加求和，再加上拟建项目的其他有关费用，即为拟建项目的建设投资。计算式如下。

$$C=E(1+f_1P_1+f_2P_2+f_3P_3+\cdots)+I \tag{2-4}$$

式中：　C——拟建建设项目的投资额；

　　　　E——拟建项目根据当时当地价格计算的工艺设备投资；

　　　　I——根据具体情况计算的拟建建设项目其他各项基本建设费用；

$P_1,P_2,P_3\cdots\cdots$——已建项目中各专业工程费用与工艺设备投资的百分比；

$f_1,f_2,f_3\cdots\cdots$——由于建设时间地点而产生的定额水平、建筑安装材料价格、费用变更和调整等综合调整系数。

（三）朗格系数法

朗格系数法是以设备费为基数，乘以适当系数来推算项目的建设投资。这种方法是世界银行项目投资估算常采用的方法。该方法的基本原理是将总成本费用中的直接成本和间接成本分别计算，再合计为项目建设的总成本费用。计算式如下。

$$C=E(1+\sum K_i)K_c \tag{2-5}$$

式中：C——建设投资；

　　　E——设备购置费；

　　　K_i——管线、仪表、建筑物等项费用的估算系数；

　　　K_c——管理费、合同费、应急费等间接费在内的总估算系数。

建设投资与设备购置费用之比为朗格系数 K_L。计算式如下。

$$K_L = (1 + \sum K_i) K_e \tag{2-6}$$

运用朗格系数法估算投资,方法比较简单,但由于没有考虑项目(或装置)规模大小、设备材质的差异以及不同自然、地理条件差异的影响,所以估算的精度不高。

[例2-4]　某工业项目采用流体加工系统,其主要设备投资费为4 500万元,该流体加工系统的估算系数如表2-1所示。要求:试估算该工业项目静态建设投资额。

表2-1　某流体加工系统的估算系数

项目	估算系数	项目	估算系数
主设备安装人工费	0.15	日常管理、合同费和利息	0.3
保温费	0.2	工程费	0.13
管线费	0.7	不可预见费	0.13
基础	0.1		
建筑物	0.07		
构架	0.05		
防火	0.08		
电气	0.12		
油漆粉刷	0.08		

解:$C = E(1 + \sum K_i) K_e$

　　$= 4\ 500 \times (1 + 0.15 + 0.2 + 0.7 + 0.1 + 0.07 + 0.05 + 0.08 + 0.12 + 0.08)$

　　　$\times (1 + 0.3 + 0.13 + 0.13)$

　　$= 4\ 500 \times 2.55 \times 1.56$

　　$= 17\ 901(万元)$

答:该工业项目静态建设投资额为17 901万元。

四、指标估算法

指标估算法是指根据类似工程投资估算指标乘以面积,求出相应的土建工程、给排水工程、照明工程、采暖工程、变配电工程等各单位工程的投资,然后计算出项目静态投资额。

这种方法大多用于房屋、建筑物的投资估算,要求积累各种不同结构的房屋、建筑物的投资估算指标,并且明确拟建项目的结构和主要技术参数,这样才能保证投资估算的精确度。

[例2-5]　已知年产1 250t某种紧俏产品的工业项目,主要设备投资额为2 050万元,其他附属项目投资占主要设备投资比例以及由于建造时间、地点、使用定额等方面的因素,引起拟建项目的综合调价系数见表2-2。工程建设其他费用占工程费和工程建设其他费之和的20%。

① 若拟建2 000t生产同类产品的项目,则生产能力指数为1。要求:试估算该项目静态建设投资额(除基本预备费外)。

② 若拟建项目的基本预备费率为5%,建设期1年,建设期年平均投资价格上涨率为3%,项目建设前期年限为1年。要求:试确定拟建项目建设投资,并编制该项目建设投资估算表。

表 2-2　附属项目投资占设备投资比例及综合调价系数

序号	工程名称	占设备投资比例	综合调价系数
一	生产项目		
1	土建工程	30%	1.1
2	设备安装工程	10%	1.2
3	工艺管道工程	4%	1.05
4	给排水工程	8%	1.1
5	暖通工程	9%	1.1
6	电气照明工程	10%	1.1
7	自动化仪表	9%	1
8	主要设备购置	100%	1.2
二	附属工程	10%	1.1
三	总体工程	10%	1.3

解：① a. 应用生产能力指数法，计算拟建项目主要设备投资额 E

$$E = 2\ 050 \times \left(\frac{2\ 000}{1\ 250} \right)^{1} \times 1.2 = 3\ 936（万元）$$

b. 应用比例估算法，估算拟建项目静态建设投资额（除基本预备费外）C

$$C = 3\ 936(1 + 30\% \times 1.1 + 10\% \times 1.2 + 4\% \times 1.05 + 8\% \times 1.1$$
$$+ 9\% \times 1.1 + 10\% \times 1.1 + 9\% \times 1 + 10\% \times 1.1 + 10\% \times 1.3) + 20\% \times C$$

$$C = \frac{3\ 936 \times 2.119}{1 - 20\%} = \frac{8\ 340.38}{0.8} = 10\ 425.48（万元）$$

② 根据所求出的项目静态建设投资额（除基本预备费外），计算拟建项目的工程费、工程建设其他费和预备费，并编制建设投资估算表，如表 2-3 所示。

a. 计算工程费

土建工程费 $= 3\ 936 \times 30\% \times 1.1 = 1\ 298.88（万元）$

设备安装工程费 $= 3\ 936 \times 10\% \times 1.2 = 472.32（万元）$

工艺管道工程费 $= 3\ 936 \times 4\% \times 1.05 = 165.31（万元）$

给排水工程费 $= 3\ 936 \times 8\% \times 1.1 = 346.37（万元）$

暖通工程费 $= 3\ 936 \times 9\% \times 1.1 = 389.66（万元）$

电气照明工程费 $= 3\ 936 \times 10\% \times 1.1 = 432.96（万元）$

自动化仪表费 $= 3\ 936 \times 9\% \times 1 = 354.24（万元）$

主要设备费 $= 3\ 936（万元）$

附属工程费 $= 3\ 936 \times 10\% \times 1.1 = 432.96（万元）$

总体工程费 $= 3\ 936 \times 10\% \times 1.3 = 511.68（万元）$

工程费合计：$8\ 340.38（万元）$

b. 计算工程建设其他费

工程建设其他费 $= 10\ 425.48 \times 20\% = 2\ 085.10（万元）$

c. 计算基本预备费

$$基本预备费 = (工程费+工程建设其他费) \times 5\%$$
$$= (8\ 340.38 + 2\ 085.10) \times 5\%$$
$$= 521.27(万元)$$

d. 计算静态投资额

$$静态投资额 = 8\ 340.38 + 2\ 085.10 + 521.27 = 10\ 946.75(万元)$$

e. 计算涨价预备费

$$涨价预备费 = 10\ 946.75 \times [(1+3\%)^1 \times (1+3\%)^{0.5} - 1]$$
$$= 496.28(万元)$$

f. 计算拟建项目建设投资

$$拟建项目建设投资 = 静态投资额 + 涨价预备费$$
$$= 10\ 946.75 + 496.28$$
$$= 11\ 443.03(万元)$$

表 2-3　拟建项目建设投资估算　　　　　　单位:元

序号	工程或费用名称	建筑工程	安装工程	设备购置	其他投资	合计	比例
1	工程费用	2 243.52	1 806.62	4 290.24		8 340.38	72.89%
1.1	建筑工程费	2 243.52				2 243.52	
1.1.1	土建工程费	1 298.88				1 298.88	
1.1.2	附属工程费	432.96				432.96	
1.1.3	总体工程费	511.68				511.68	
1.2	安装工程费		1 806.62			1 806.62	
1.2.1	设备安装工程费		472.32			472.32	
1.2.2	工艺管道工程费		165.31			165.31	
1.2.3	给排水工程费		346.37			346.37	
1.2.4	暖通工程费		389.66			389.66	
1.2.5	电气照明工程费		432.96			432.96	
1.3	设备购置费			4 290.24		4 290.24	
1.3.1	主要设备费			3 936		3 936	
1.3.2	自动化仪表费			354.24		354.24	
2	工程建设其他费				2 085.10	2 085.10	18.22%
3	预备费				1 017.55	1 017.55	8.89%
3.1	基本预备费				521.27	521.27	
3.2	涨价预备费				496.28	496.28	
4	建设投资合计	2 243.52	1 806.62	4 290.24	3 102.65	11 443.03	100%

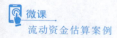

微课
流动资金估算案例
(一)

2.1.4　动态投资估算

动态投资包括价差预备费和建设期利息。其计算详见项目1。

2.1.5　流动资金估算

流动资金是指供生产和经营过程中周转使用的资金,它用于购买原材料、燃料等形成生产储备,然后投入生产,经过加工,制成产品,收回货币。从货币形态开始,经过购买材料、支付工资和其他费用的企业经营活动,到已完工程验收、收回货币为流动资金的一个周转过程。流动资金估算方法一般分为扩大指标估算法和分项详细估算法。

一、扩大指标估算法

扩大指标估算法是一种简化的流动资金估算方法,一般以类似项目的销售收入、经营成本、总成本和建设投资等作为基数,乘以流动资金占销售收入、经营成本、总成本和建设投资等的比率来确定。这种方法计算简便,但准确度不高,适用于项目建议书阶段的流动资金估算。计算式如下。

微课
流动资金估算案例
（二）

$$年流动资金额 = 年费用基数 \times 各类流动资金比率 \tag{2-7}$$
$$年流动资金额 = 年产量 \times 单位产品产量占用流动资金额 \tag{2-8}$$

二、分项详细估算法

微课
流动资金估算案例
（三）

分项详细估算法是国际上通行的流动资金估算法,是对流动资金构成的各项流动资产和流动负债分别进行估算。计算式如下。

$$流动资金 = 流动资产 - 流动负债 \tag{2-9}$$
$$流动资产 = 应收账款 + 预付账款 + 存货 + 现金 \tag{2-10}$$
$$流动负债 = 应付账款 + 预收账款 \tag{2-11}$$
$$流动资金本年增加额 = 本年流动资金 - 上年流动资金 \tag{2-12}$$

流动资金的估算,首先分别计算应收账款、预付账款、存货、现金、应付账款、预收账款的周转次数,然后分别估算应收账款、预付账款、存货、现金、应付账款、预收账款。

1. 周转次数的计算

周转次数是指流动资金在一年内循环的次数。计算式如下。

$$年周转次数 = \frac{360}{最低周转天数} \tag{2-13}$$

应收账款、预付账款、存货、现金、应付账款、预收账款的最低周转天数,参照类似企业的平均周转天数并结合项目特点确定,或按部门(行业)规定计算。

2. 应收账款估算

应收账款是指企业已对外销售商品、提供劳务尚未收回的资金。计算式如下。

$$应收账款 = \frac{年经营成本}{应收账款年周转次数} \tag{2-14}$$

3. 预付账款估算

预付账款是指企业为购买各类材料、半成品或服务所预先支付的款项。计算式如下。

$$预付账款 = \frac{外购商品或服务年费用金额}{预付账款年周转次数} \tag{2-15}$$

4. 存货估算

存货是指企业为销售或耗用而储备的各种货物,主要有原材料、辅助材料、燃料、低值易耗品、修理用备件、包装物、在产品、自制半产品和产成品等。计算式如下。

$$存货 = 外购原材料、燃料 + 其他材料 + 在产品 + 产成品 \tag{2-16}$$

式中，外购原材料、燃料 $= \dfrac{年外购原材料、燃料费用}{按种类分项年周转次数}$

$$其他材料 = \dfrac{年其他材料费用}{其他材料年周转次数}$$

$$在产品 = \dfrac{年外购原材料、燃料 + 年工资福利费 + 年修理费 + 年其他制造费}{在产品年周转次数}$$

$$产成品 = \dfrac{年经营成本 - 年营业费用}{产成品年周转次数}$$

5. 现金估算

现金是指企业生产运营活动中停留于货币形态的那一部分资金。计算式如下。

$$现金 = \dfrac{年工资福利费 + 年其他费用}{现金年周转次数} \tag{2-17}$$

6. 应付账款估算

应付账款是指企业已购进原材料、燃料等尚未支付的资金。计算式如下。

$$应付账款 = \dfrac{年外购原材料、燃料费用}{应付账款年周转次数} \tag{2-18}$$

7. 预收账款估算

预收账款是指企业对外销售商品、提供劳务所预先收入的款项。计算式如下。

$$预收账款 = \dfrac{预收的营业收入年金额}{预收账款周转次数} \tag{2-19}$$

[例 2-6] 某拟建项目第四年开始投产，投产后的年营业收入第四年为 5 450 万元、第五年为 7 550 万元、第六年及以后各年分别为 7 432 万元、年营业费用第四年为 1 850 万元、第五年为 3 250 万元、第六年及以后各年分别为 3 430 万元，总成本费用估算如表 2-4 所示。各项流动资产和流动负债的最低周转天数如表 2-5 所示。要求：试估算达产期各年流动资金，并编制流动资金估算表（表 2-6）。

表 2-4　总成本费用估算　　　　　　单位：万元

序号	项目	投产期		达产期		
		4	5	6	7	……
1	外购原材料	2 055	3 475	4 125	4 125	
2	进口零部件	1 087	1 208	725	725	
3	外购燃料	13	25	27	27	
4	工资及福利费	213	228	228	228	
5	修理费	15	15	69	69	
6	其他费用	324	441	507	507	
6.1	其中：其他制造费	194	256	304	304	
7	经营成本（1+2+3+4+5+6）	3 707	5 392	5 681	5 681	
8	折旧费	224	224	224	224	

续表

序号	项目	投产期		达产期		
		4	5	6	7	……
9	摊销费	70	70	70	70	
10	利息支出	234	196	151	130	
11	总成本费用 （7+8+9+10）	4 235	5 882	6 126	6 105	

表 2-5　流动资金的最低周转天数　　　　　　单位：天

序号	项目	最低周转天数	序号	项目	最低周转天数
1	应收账款	40	3.4	在产品	20
2	预付账款	30	3.5	产成品	10
3	存货	—	4	现金	15
3.1	原材料	50	5	应付账款	40
3.2	进口零部件	90	6	预收账款	30
3.3	燃料	60			

解：采用分项详细估算法估算达产期各年流动资金

应收账款年周转次数 $= 360 \div 40 = 9$（次）

预付账款年周转次数 $= 360 \div 30 = 12$（次）

原材料年周转次数 $= 360 \div 50 = 7.2$（次）

进口零部件年周转次数 $= 360 \div 90 = 4$（次）

燃料年周转次数 $= 360 \div 60 = 6$（次）

在产品年周转次数 $= 360 \div 20 = 18$（次）

产成品年周转次数 $= 360 \div 10 = 36$（次）

现金年周转次数 $= 360 \div 15 = 24$（次）

应付账款年周转次数 $= 360 \div 40 = 9$（次）

预收账款年周转次数 $= 360 \div 30 = 12$（次）

$$应收账款 = \frac{年经营成本}{应收账款年周转次数} = \frac{5\ 681}{9} = 631.22（万元）$$

$$预付账款 = \frac{年外购原材料+进口零部件+外购燃料}{预付账款年周转次数} = \frac{4\ 125+725+27}{12} = 406.42（万元）$$

$$外购原材料 = \frac{年外购原材料}{外购原材料年周转次数} = \frac{4\ 125}{7.2} = 572.92（万元）$$

$$外购进口零部件 = \frac{年外购进口零部件}{外购进口零部件年周转次数} = \frac{725}{4} = 181.25（万元）$$

$$外购燃料 = \frac{年外购燃料}{外购燃料年周转次数} = \frac{27}{6} = 4.5（万元）$$

在产品 =

$$\frac{年外购原材料+年进口零部件+年外购燃料+年工资及福利费+年修理费+年其他制造费}{在产品年周转次数}$$

$$=\frac{4\,125+725+27+228+69+304}{18}=304.33(万元)$$

$$产成品=\frac{年经营成本-年营业费用}{产成品年周转次数}=\frac{5\,681-3\,430}{36}=62.53(万元)$$

$$存货=外购原材料+外购进口零部件+外购燃料+在产品+产成品$$

$$=572.92+181.25+4.5+304.33+62.53=1\,125.53(万元)$$

$$现金=\frac{年工资福利费+年其他费用}{现金年周转次数}=\frac{228+507}{24}=30.63(万元)$$

$$应付账款=\frac{年外购原材料+年进口零部件+年外购燃料}{应付账款年周转次数}$$

$$=\frac{4\,125+725+27}{9}=541.89(万元)$$

$$预收账款=\frac{预收的营业收入年金额}{预收账款周转次数}=\frac{7\,432}{12}=619.33(万元)$$

$$流动资产=应收账款+预付账款+存货+现金$$

$$=631.22+406.42+1\,125.53+30.63=2\,193.8(万元)$$

$$流动负债=应付账款+预收账款=541.89+619.33=1\,161.22(万元)$$

$$流动资金=流动资产-流动负债$$

$$=2\,193.8-1\,161.22=1\,032.58(万元)$$

表 2-6　流动资金估算　　　　　　　　　　单位:万元

序号	项目	投产期		达产期		
		4	5	6	7	……
1	流动资产	1 506.89	2 184.79	2 193.8	2 193.8	
1.1	应收账款	411.89	599.11	631.22	631.22	
1.2	预付账款	262.92	392.33	406.42	406.42	
1.3	存货	809.64	1 165.47	1 125.53	1 125.53	
1.3.1	原材料	285.42	482.64	572.92	572.92	
1.3.2	进口零部件	271.75	302	181.25	181.25	
1.3.3	燃料	2.17	4.17	4.5	4.5	
1.3.4	在产品	198.72	289.28	304.33	304.33	
1.3.5	产成品	51.58	59.50	62.53	62.53	
1.4	现金	22.38	27.88	30.63	30.63	
2	流动负债	804.73	1 152.28	1 161.22	1 161.22	
2.1	应付账款	350.56	523.11	541.89	541.89	
2.2	预收账款	454.17	629.17	619.33	619.33	
3	流动资金(1-2)	702.16	1 032.51	1 032.58	1 032.58	
4	流动资金本年增加额	702.16	330.35	0.07	0	

2.1.6 投资估算编制和审核

一、投资估算的文件组成

投资估算文件一般由封面、签署页、编制说明、投资估算分析、总投资估算汇总表、单项工程投资估算表、主要技术经济指标等内容组成。

（一）编制说明

投资估算编制说明一般应阐述以下内容。

① 工程概况。

② 编制范围。

③ 编制方法。

④ 编制依据。

⑤ 主要技术经济指标。

⑥ 有关参数、率值选定的说明。

⑦ 特殊问题的说明。包括采用新技术、新材料、新设备、新工艺时，必须说明的价格的确定，进口材料、设备、技术费用的构成与计算参数，采用巨型结构、异型结构的费用估算方法，环保（不限于）投资占总投资的比重，未包括项目或费用的必要说明等。

⑧ 采用限额设计的工程还应对投资限额和投资分解做进一步说明。

⑨ 采用方案比选的工程还应对方案比选的估算和经济指标做进一步说明。

（二）投资估算分析

投资估算分析应包括以下内容。

① 工程投资比例分析。一般建筑工程要分析土建、装饰、给排水、电气、暖通、空调、动力等主体工程和道路、广场、围墙、大门、室外管线、绿化等至外附属工程占总投资的比例，一般工业项目要分析主要生产项目（列出各生产装置）、辅助生产项目、公用工程项目（给排水、供电和通信、供气、总图运输及外管）、服务性工程、生活福利设施、厂外工程占建设总投资的比例。

② 分析设备购置费、建筑工程费、安装工程费、工程建设其他费用、预备费占建设总投资的比例；分析引进设备费用占全部设备费用的比例等。

③ 分析影响投资的主要因素。

④ 与国内类似工程项目的比较，分析说明投资高低原因。

（三）总投资估算汇总表

总投资估算汇总表是将工程费用、工程建设其他费用、预备费、建设期利息、流动资金等估算额以表格的形式进行汇总，形成建设项目投资估算总额。其表格形式见表 2-7。

（四）单项工程投资估算表

单项工程投资估算应按建设项目划分的各个单项工程分别计算组成工程费用的建筑工程费、设备及工器具购置费、安装工程费，如表 2-8 所示。

表 2-7　总投资估算汇总

工程名称：

序号	工程和费用名称	估算价值/万元					技术经济指标			
		建筑工程费	设备及工器具购置费	安装工程费	其他费用	合计	单位	数量	单位价值	比例/%
一	工程费用									
（一）	主要生产系统									
1										
2										
（二）	辅助生产系统									
1										
2										
（三）	公用设施									
1										
2										
（四）	外部工程									
1										
2										
二	工程建设其他费用									
1										
2										
三	预备费									
1	基本预备费									
2	价差预备费									
四	建设期利息									
五	流动资金									
	投资估算合计（万元）									
	比例/%									
编制人：		审核人：					审定人：			

表 2-8　单项工程投资估算汇总

工程名称：

序号	工程和费用名称	估算价值/万元					技术经济指标			
		建筑工程费	设备及工器具购置费	安装工程费	其他费用	合计	单位	数量	单位价值	比例/%
一	工程费用									
（一）	主要生产系统									
1	××车间									
	土建工程									
	建筑安装									
	工艺工程									
	非标准件									
	工艺管道									
	筑炉工程									
	保温工程									
	电气工程									
	自动化工程									
	给排水工程									
	暖通空调									
	动力工程									
	小计									
2										
3										

编制人：　　　　　　　　审核人：　　　　　　　　审定人：

（五）主要技术经济指标

投资估算人员应根据项目特点，计算并分析整个建设项目、各单项工程和主要单位工程的主要技术经济指标。

二、投资估算编制实例

[例 2-7]　某企业拟兴建一项年产某种产品 3 000 万吨的工业生产项目，该项目由一个综合生产车间和若干附属工程组成。根据项目建议书中提供的同行业已建年产 2 000 万吨类似综合生产车间项目主设备投资和与主设备投资有关的其他专业工程投资系数如表 2-9 所示。

表 2-9 已建类似项目主设备投资、与主设备投资有关的其他专业工程投资系数

主设备投资	锅炉设备	加热设备	冷却设备	仪器仪表	起重设备	电力传动	建筑工程	安装工程
2 200 万元	0.12	0.01	0.04	0.02	0.09	0.18	0.27	0.13

拟建项目的附属工程由动力系统、机修系统、行政办公楼工程、宿舍工程、总图工程、场外工程等组成,其投资初步估计如表 2-10 所示。

表 2-10 附属工程投资初步估计数据   单位:万元

工程名称	动力系统	机修系统	行政办公楼工程	宿舍工程	总图工程	场外工程
建筑工程费用	1 800	800	2 500	1 500	1 300	80
设备购置费用	35	20				
安装工程费用	200	150				
合计	2 035	970	2 500	1 500	1 300	80

据估计工程建设其他费用约为工程费用的 20%,基本预备费率为 5%。从投资估算完成到正式开工建设需要一年的时间,开工后预计物价年平均上涨率为 3%。该项目建设投资的 70% 为企业自有资本金,其余资金采用贷款方式解决,贷款利率 7.85%(按年计息)。在 2 年建设期内贷款和资本金均按第 1 年 60%、第 2 年 40% 投入。流动资金占用额按年生产能力每吨 25 元估算。

问题:① 试用生产能力指数估算法估算拟建项目综合生产车间主设备投资。已知:拟建项目与已建类似项目主设备投资综合调整系数取 1.20,生产能力指数取 0.85。

② 试用主体专业系数法估算拟建项目综合生产车间投资额。已知:经测定拟建项目与类似项目由于建设时间、地点和费用标准的不同,在锅炉设备、加热设备、冷却设备、仪器仪表、起重设备、电力传动、建筑工程、安装工程等专业工程投资综合调整系数分别为 1.10、1.05、1.00、1.05、1.20、1.20、1.05、1.10。

③ 估算拟建项目全部建设投资。

④ 估算拟建项目建设期利息、流动资金,汇总该建设项目投资估算总额。

解:

问题①:

$$\text{拟建项目综合生产车间主设备投资} = 2\ 200 \times \left(\frac{3\ 000}{2\ 000}\right)^{0.85} \times 1.20 = 3\ 726.33(万元)$$

问题②:

拟建项目综合生产车间投资额 = 设备费用 + 建筑工程费用 + 安装工程费用

设备费用 $= 3\ 726.33 \times (1 + 1.10 \times 0.12 + 1.05 \times 0.01 + 1.00 \times 0.04 + 1.05 \times 0.02 + 1.20 \times 0.09 + 1.20 \times 0.18) = 3\ 726.33 \times (1 + 0.528) = 5\ 693.83(万元)$

建筑工程费用 $= 3\ 726.33 \times (1.05 \times 0.27) = 1\ 056.41(万元)$

安装工程费用 = 3 726.33 × (1.10 × 0.13) = 532.87(万元)

拟建项目综合生产车间投资额 = 5 693.83 + 1 056.41 + 532.87 = 7 283.11(万元)

问题③：

工程费用 = 拟建项目综合生产车间投资额 + 附属工程投资

$\qquad$ = 7 283.11 + 2 035 + 970 + 2 500 + 1 500 + 1 300 + 80

$\qquad$ = 15 668.11(万元)

工程建设其他费用 = 工程费用 × 工程建设其他费用百分比

$\qquad$ = 15 668.11 × 20%

$\qquad$ = 3 133.62(万元)

基本预备费 = (工程费用 + 工程建设其他费用) × 基本预备费率

$\qquad$ = (15 668.11 + 3 133.62) × 5%

$\qquad$ = 940.09(万元)

静态投资合计 = 15 668.11 + 3 133.62 + 940.09 = 19 741.82(万元)

建设期各年静态投资：

第 1 年：19 741.82 × 60% = 11 845.09(万元)

第 2 年：19 741.82 × 40% = 7 896.73(万元)

价差预备费：

$P = 11\ 845.09 \times [(1+3\%)^1 \times (1+3\%)^{0.5} \times (1+3\%)^{1-1} - 1] + 7\ 896.73 \times [(1+3\%)^1 \times (1+3\%)^{0.5} \times (1+3\%)^{2-1} - 1]$

$\qquad$ = 537.01 + 605.65

$\qquad$ = 1 142.66(万元)

预备费 = 940.09 + 1 142.66 = 2 082.75(万元)

拟建项目全部建设投资 = 工程费用 + 工程建设其他费用 + 预备费

$\qquad$ = 15 668.11 + 3 133.62 + 2 082.75

$\qquad$ = 20 884.48(万元)

问题④：

建设期每年贷款额：

第 1 年贷款额 = 20 884.48 × 60% × 30% = 3 759.21(万元)

第 2 年贷款额 = 20 884.48 × 40% × 30% = 2 506.14(万元)

建设期利息：

第 1 年利息 = (0 + 3 759.21 ÷ 2) × 7.85% = 147.55(万元)

第 2 年利息 = (3 759.21 + 147.55 + 2 506.14 ÷ 2) × 7.85% = 405.05(万元)

建设期利息合计 = 147.55 + 405.05 = 552.60(万元)

流动资产投资 = 3 000 × 25 = 75 000(万元)

该建设项目投资估算总额 = 建设投资 + 建设期利息 + 流动资产投资

$\qquad$ = 20 884.48 + 552.60 + 75 000

$\qquad$ = 96 437.08(万元)

如果按流动资产投资的 30% 作为铺底流动资金计入建设期建设项目投资估算总额，则该建设项目投资估算总额应为 43 937.08 万元。

三、投资估算审核

为保证投资估算的完整性和准确性,必须加强对投资估算的审核工作。有关文件规定:对建设项目进行评估时应进行投资估算的审核,政府投资项目的投资估算审核除依据设计文件外,还应依据政府有关部门发布的有关规定、建设项目投资估算指标和工程造价信息等计价依据。投资估算的审核主要从以下几个方面进行。

1. 审核和分析投资估算编制依据的时效性、准确性和实用性

估算项目投资所需的数据资料很多,如已建同类型项目的投资、设备和材料价格、运杂费率,有关的指标、标准以及各种规定等,这些资料可能随时间、地区、价格及定额水平的差异,使投资估算有较大的出入,因此要注意投资估算编制依据的时效性、准确性和实用性。针对这些差异必须做好定额指标水平、价差的调整系数及费用项目的调查。同时对工艺水平、规模大小、自然条件、环境因素等对已建项目与拟建项目在投资方面形成的差异进行调整,使投资估算的价格和费用水平符合项目建设所在地实际情况。针对调整的过程及结果要进行深入细致的分析和审查。

2. 审核选用的投资估算方法的科学性与适用性

投资估算的方法有许多种,每种估算方法都有各自适用条件和范围,并具有不同的精确度。如果使用的投资估算方法与项目的客观条件和情况不相适应,或者超出了该方法的适用范围,就不能保证投资估算的质量。而且还要结合设计的阶段或深度等条件,采用适用、合理的估算办法进行估算。

如采用"单位工程指标"估算法时,应该审核套用的指标与拟建工程的标准和条件是否存在差异,及其对计算结果影响的程度,是否已采用局部换算或调整等方法对结果进行修正,修正系数的确定和采用是否具有一定的科学依据。处理方法不同,技术标准不同,费用相差可能很大。当工程量较大时,对估算总价影响甚大,如果在估算中不按科学方法进行调整,将会因估算准确程度差造成工程造价失控。

3. 审核投资估算的编制内容与拟建项目规划要求的一致性

审核投资估算的工程内容,包括工程规模、自然条件、技术标准、环境要求,与规定要求是否一致,是否在估算时已进行了必要的修正和反映,是否对工程内容尽可能地量化和质化,有没有出现内容方面的重复或漏项和费用方面的高估或低算。

如建设项目的主体工程与附加工程或辅助工程、公用工程、生产与生活服务设施、交通工程等是否与规定的一致。是否漏掉了某些辅助工程、室外工程等的建设费用。

4. 审核投资估算的费用项目、费用数额的真实性

① 审核各个费用项目与规定要求、实际情况是否相符,有无漏项或多项,估算的费用项目是否符合项目的具体情况、国家规定及建设地区的实际要求,是否针对具体情况做了适当的增减。

② 审核项目所在地区的交通、地方材料供应、国内外设备的订货与大型设备的运输等方面,是否针对实际情况考虑了材料价格的差异问题;对偏远地区或有大型设备时是否已考虑了增加设备的运杂费。

③ 审核是否考虑了物价上涨和引进国外设备或技术项目,是否考虑了每年的通货膨胀率对投资额的影响、考虑的波动变化幅度是否合适。

④ 审核"三废"处理所需相应的投资是否进行了估算,其估算数额是否符合实际。

⑤ 审核项目投资主体自有的稀缺资源是否考虑了机会成本,沉没成本是否已剔除。

⑥ 审核是否考虑了采用新技术、新材料以及现行标准和规范比已建项目的要求提高所需增加的投资额,考虑的额度是否合适。

值得注意的是,投资估算要留有余地,既要防止漏项少算,又要防止高估冒算。要在优化和可行的建设方案的基础上,根据有关规定认真、准确、合理地确定经济指标,以保证投资估算具有足够的精度水平,使其真正地对项目建设方案的投资决策起到应有的作用。

任务 2.2 控制工程造价

2.2.1 建设项目决策阶段影响工程造价的因素

工程项目造价的多少主要取决于项目的建设标准。建设标准的主要内容有建设规模、占地面积、工艺装备、建筑标准、配套工程、劳动定员等方面的标准或指标。建设标准是编制、评估、审批项目可行性研究的重要依据,是衡量工程造价是否合理及监督检查项目建设的客观尺度。

一、项目建设规模

项目合理规模的确定就是要合理选择拟建项目的生产规模,解决"生产多少"的问题。项目规模的合理选择问题关系着项目的成败,决定着工程造价支出的有效与否。

规模效益是指伴随生产规模扩大引起建设单位成本下降而带来的经济效益。当项目单位产品的报酬为一定时,项目的经济效益与项目的生产规模成正比,单位产品的成本随生产规模的扩大而下降,单位产品的报酬随市场规模的扩大而增加。在经济学中这一现象被称为规模效益递增。规模效益的客观存在对项目规模的合理选择意义重大而深远,可以充分利用规模效益来合理确定并有效控制造价,从而提高项目的经济效益。

合理经济规模是指在一定技术经济条件下,项目投入产出比处于较优状态,资源和资金可以得到充分利用,并可获得较优经济效益的规模。因此,在确定项目规模时,不仅要考虑内部各要素之间的数量匹配、能力协调,还要使所有生产力因素共同形成的经济实体(如项目)在规模上大小适应。这样可以合理确定和有效控制工程造价,提高项目的经济效益。但同时也必须注意,规模扩大所产生的效益不是无限的,它受到技术进步、管理水平、项目经济技术环境等多种因素的制约。超过一定限度,规模效益将不再出现,甚至可能出现单位成本递减和收益递减的现象。项目规模合理化的制约因素有以下几种。

1. 市场因素

市场因素是项目规模确定中需要首要考虑的因素。首先,项目产品的市场需求状况是确定项目生产规模的前提。通过市场分析与预测,确定市场需求量、了解竞争对手情况,最终确定项目建成时的最佳生产规模,使所建项目在未来能够保持合理的盈利水平和持续发展能力。其次,原材料市场、资金市场、劳动力市场等对项目规模的选择起着不同的制约作用。例如项目规模过大可能导致材料紧张和价格上涨,造成项目所需投资的资金筹措困难和资金成本上升等,将制约项目的规模。

2. 技术因素

先进适用的生产技术及技术装备是项目规模效益赖以存在的基础,而相应的管理技术水平是实现规模效益的重要保证。若与经济规模相适应的先进技术及其装备的来源没有保障,或获取技术的成本过高,或管理水平跟不上,则不仅预期的规模效益难以实现,还会给项目的生存和发展带来危机,导致项目投资效益降低,工程支出浪费严重。

3. 环境因素

项目的建设、生产和经营离不开一定的社会经济环境。项目规模确定中需要考虑的主要环境因素有政治因素、燃料动力供应,协作及土地条件,运输及通信条件。其中政策因素包括产业政策,投资政策,技术经济政策,国家、地区及行业经济发展规划等。

二、建设地区及建设地点(厂址)

建设项目的具体地址(或厂址)的选择,需要经过建设地区选择和建设地点选择两个不同层次、相互联系又相互区别的工作阶段,这两个阶段是一种递进关系。其中,建设地区选择是指在几个不同地区之间对拟建项目适宜配置在哪个区域范围的选择;建设地点选择是指对项目具体坐落位置的选择。

1. 建设地区的选择

建设地区选择的合理与否,在很大程度上决定着拟建项目的命运,影响着工程造价的高低、建设工期的长短、建设质量的好坏,还影响到项目建成后的运营状况。因此建设地区的选择要充分考虑各种因素的制约,具体要考虑以下因素。

① 要符合国民经济发展战略规划、国家工业布局总体规划和地区经济发展规划的总体要求。

② 要根据项目的特点和需要,充分考虑原材料条件、能源条件、水源条件、各地区对项目产品需求及运输条件等。

③ 要综合考虑气象、地质、水文等建厂的自然条件。

④ 要充分考虑劳动力来源、生活环境、协作、施工力量、风俗文化等社会环境因素的影响。

因此,在综合考虑上述因素的基础上,建设地区的选择要遵循以下两个基本原则。

① 要靠近原料、燃料提供地和产品消费地的原则。

② 工业项目适当集聚的原则。在工业布局中,通常是一系列相关的项目聚成适当规模的工业基地和城镇,从而有利于发挥"集聚效应"。

2. 建设地点(厂址)的选择

建设地点的选择是一项极为复杂的技术经济综合性很强的系统工程,它不仅涉及项目建设条件、产品生产要素、生态环境和未来产品销售等重要问题,受社会、政治、经济、国防等多因素的制约;而且还直接影响项目建设投资、建设速度和施工条件,以及未来企业的经营管理及所在地的城乡建设规划与发展。因此,必须从国民经济和社会发展的全局出发,运用系统观点和方法分析决策。

建设地点的选择是在已选定建设地区的基础上,具体确定项目所在的建筑地段、坐落位置和东、西、南、北四邻。选择建设地点的要求如下：

① 节约土地，少占耕地。项目的建设应尽可能节约土地，尽量把厂址放在荒地、劣地、山地和空地，尽可能不占和少占耕地，并力求节约用地。尽量节省土地的补偿费用，降低工程造价。

② 减少拆迁移民。工程选址应少拆迁、少移民，尽可能不靠近、不穿越人口密集的城镇或居民区，减少或不发生拆迁安置费，降低工程造价。

③ 应尽量选在工程地质、水文地质条件较好的地段，其土壤耐压力应满足拟建厂的要求，严禁选在断层、溶岩、流沙层与有用矿床上以及洪水淹没区、已采矿坑塌陷区、滑坡下。厂址的地下水位应尽可能低于地下建筑物的基准面。

④ 要有利于厂区合理布置和安全运行。厂区土地面积与外形能满足厂房与各种构筑物的需要，并适于按科学的工艺流程布置厂房与构筑物，满足生产安全要求。厂区地形力求平坦而略有坡度（一般以 5% ~ 10% 为宜），以减少平整土地的土方工程量，节约投资，又便于地面排水。

⑤ 应尽量靠近交通运输条件和水电等供应条件好的地方。厂址应靠近铁路、公路、水路，以缩短运输距离，减少建设投资和未来的运营成本，厂址应设在供电、供热和其他协作条件便于取得的地方，有利于施工条件的满足和项目运营期间的正常运作。

⑥ 应尽量减少对环境的污染。对于排放有害气体和烟尘的项目，不能建在城市的上风口，以免对整个城市造成污染；对于噪声大的项目，厂址应选在距离居民集中地区较远的地方，同时，要设置一定宽度的绿化带，以减弱噪声的干扰；对于生产和使用易燃、易爆、辐射产品的项目，厂址应远离城镇和居民密集区。

上述条件能否满足，不仅关系到建设工程造价的高低和建设期限，对项目投产后的运营状况也有很大的影响。因此，在确定厂址时，也应进行方案的技术经济分析、比较，选择最佳厂址。

三、技术方案

生产技术方案是指产品生产所采用的工艺流程和生产方法。技术方案不仅影响项目的建设成本，也影响项目建成后的运营成本。因此，技术方案的选择直接影响工程造价，必须认真选择和确定。

1. 技术方案选择的基本原则

① 先进适用原则。先进与适用，是对立的统一。先进适用是评定技术方案最基本的标准。保证工艺技术的先进性是首先要满足的，它能够带来产品质量、生产成本的优势。但是不能单独强调先进而忽视适用，还要考察工艺技术是否符合我国国情和国力，是否符合我国的技术发展政策。有的引进项目，可以在主要工艺上采用先进技术，而其他部分则采用适用技术。总之，要根据国情和建设项目的经济效益，综合考虑先进与适用的关系。对于拟采用的工艺，除必须保证能用指定的原材料按时生产出符合数量、质量要求的产品外，还要考虑与企业的生产和销售条件（包括原有设备能否配套，技术和管理水平、市场需求、原材料种类等）是否相适应，特别要考虑原有设备能否利用，技术和管理水平能否跟上。

② 安全可靠原则。项目所用的技术或工艺，必须经过多次试验和实践证明是成熟的，技术过关，质量可靠，有详尽的技术分析数据和可靠记录，并且生产工艺的危害程

度控制在国家规定的标准之内,才能确保生产安全运行,发挥项目的经济效益。对于核电站、生产有毒有害和易燃易爆物质的项目(如油田、煤矿等)及水利水电枢纽等项目,更应重视技术的安全性和可靠性。

③ 经济合理原则。经济合理是指所用的技术或工艺应能以尽可能小的消耗获得最大的经济效果,要求综合考虑所用技术或工艺所能产生的经济效益和国家的经济承受能力。在可行性研究中可能提出几种不同的技术方案,各方案的劳动需要量、能源消耗量、投资数量等可能不同,在产品质量和产品成本等方面可能有差异,因而应反复进行比较,从中挑选最经济合理的技术或工艺。

2. 技术方案选择的内容

① 生产方法选择。生产方法直接影响生产工艺流程的选择。一般在选择生产方法时,从以下几个方面着手。

a. 研究与项目产品相关的国内外的生产方法,分析比较优缺点和发展趋势,采用先进适用的生产方法。

b. 研究拟采用的生产方法是否与采用的原材料相适应。

c. 研究拟采用的生产方法的技术来源的可得性,若采用引进技术或专利,应比较所需费用。

d. 研究拟采用的生产方法是否符合节能和清洁的要求。

② 工艺流程方案的选择。工艺流程是指投入物(原料或半成品)经过有次序地生产加工,成为产出物(产品或加工品)的过程。选择工艺流程方案的具体内容包括以下几个方面。

a. 研究工艺流程方案对产品质量的保证程度。

b. 研究工艺流程各工序间的合理衔接,工艺流程应通畅、简捷。

c. 研究选择先进合理的物料消耗定额,提高收效和效率。

d. 研究选择主要工艺参数。

e. 研究工艺流程的柔性安排,既能保证主要工序生产的稳定性,又能根据市场需求变化,使生产的产品在品种规格上保持一定的灵活性。

四、设备方案

在生产工艺流程和生产技术确定之后,就要根据工厂生产规模和工艺过程的要求,选择设备的型号和数量。设备的选择与技术密切相关,两者必须匹配。没有先进的技术,再好的设备也没有用;没有先进的设备,技术的先进性则无法体现。对于主要设备方案的选择,应符合以下要求。

① 主要设备方案应与确定的建设规模、产品方案和技术方案相适应,并满足项目投产后生产或使用的要求。

② 主要设备之间、主要设备与辅助设备之间,能力要相互匹配。

③ 设备质量可靠、性能成熟,保证生产和产品质量稳定。

④ 在保证设备性能的前提下,力求经济合理。

⑤ 选择的设备应符合政府部门或专门机构发布的技术标准要求。

因此,在设备选用中,应注意处理好以下问题。

① 要尽量选用国产设备。凡是国内能够制造,并能保证质量、数量和按期供货的

设备,或者进口专利技术就能满足要求的,则不必从国外进口整套设备;凡主要引进关键设备就能由国内配套使用的,就不必成套引进。

② 要注意进口设备之间以及国内外设备之间的衔接配套问题。有时一个项目从国外引进设备时,为了考虑各供应厂家的设备特长和价格等问题,可能分别向几家制造厂购买,这时就必须注意各厂家所提供设备之间技术、效率等方面的衔接配套问题。为了避免各厂所供设备不能配套衔接,引进时最好采用总承包的方式。还有一些项目,一部分为进口国外设备,另一部分则引进技术由国内制造,这时也必须注意国内外设备之间的衔接配套问题。

③ 要注意进口设备与原有国产设备、厂房之间的配套问题。主要应注意本厂原有国产设备的质量、性能与引进设备是否配套,以免因国内外设备能力不平衡而影响生产。有的项目利用原有厂房安装引进设备,就应把原有厂房的结构面积、高度以及原有设备的情况了解清楚,以免设备到场后安装不下或互不适应而造成浪费。

④ 要注意进口设备与原材料、备品备件及维修能力之间的配套问题。应尽量避免引进设备所用主要原料需要进口。如果必须从国外引进时,应安排国内有关厂家尽快研制这种原料。在备品备件供应方面,随机引进的备品备件数量往往有限,有些备件在厂家输出技术或设备之后不久就被淘汰,因此采用进口设备,还必须同时组织国内研制所需备品备件问题,以保证设备长期发挥作用。另外,对于进口的设备,还必须懂得如何操作和维修,否则不能发挥设备的先进性。在外商派人调试安装时,可培训国内技术人员及时学会操作,必要时也可派人出国培训。

2.2.2　建设项目决策阶段工作内容

建设项目决策阶段需要确定建设项目目标。项目目标分为两个层次,即宏观目标和具体目标。宏观目标是指项目建设对国家、地区、部门或行业要达到的整体发展目标所产生的积极影响和作用;具体目标是指项目建设要达到的直接效果。重点解决"该不该建、在哪建、建什么、建多大、何时建、如何实施、如何规避风险、谁来运营、产生什么社会效应和经济效益等"重大问题,所确定的项目目标,对工程项目长远经济效益和战略方向起着关键性和决定性作用。

建设项目在决策阶段的主要工作包括项目建议书、可行性研究报告(包括确定投资目标、风险分析、建设方案等)、运营策划、评估报告(包括节能评估报告、环境影响评价、安全评价、社会稳定风险评价、地质灾害危险性评估、交通影响评价以及水土保持方案)等相关报告的编制以及报送审批工作。从项目建议书到可行性研究报告,是一个由粗到细、由浅入深,逐步明确建设项目目标的过程。

2.2.3　建设项目可行性研究、财务评价和不确定性分析

一、建设项目可行性研究

建设项目的开发和建设是一项综合性经济活动,建设周期长,投资额大,涉及面广。要想使建设项目达到预期的经济效果,项目决策阶段必须进行可行性研究工作,才能使投资者在项目前期对未来项目的经济状况、风险程度有所了解,并且合理地筹措资金,使整个项目的决策建立在科学的基础上而不是经验或感觉的基础上。

微课
建设项目可行性研究(一)

（一）建设项目可行性研究的概念

建设项目可行性研究是指在项目决策前，通过对项目有关的社会、经济和技术等各方面条件和情况进行调查、研究、分析，对各种可能的建设方案和技术方案进行分析、比较和论证，并对项目建成后的经济、社会、环境效益进行预测和评价，由此考察项目技术上的先进性和适用性、经济上的盈利性和合理性、建设的可能性和可行性。

（二）建设项目可行性研究的作用

建设项目可行性研究的主要作用是作为项目投资决策的科学依据，防止和减少决策失误造成的浪费，提高投资效益。具体作用如下。

1. 作为科学投资决策的依据

项目的开发和建设，需要投入大量的人力、物力和财力，受到社会、技术、经济等各种因素的影响，不能只凭感觉或经验就能确定，而是要在投资决策前，对项目进行深入细致的可行性研究，从社会、技术、经济等方面对项目进行分析、评价，从而积极主动地采取有效措施，避免因不确定因素造成的损失，提高项目的投资效益，实现项目投资决策的科学性。

2. 作为筹措项目建设资金的依据

项目建设需要大量的资金，投资者在使用自有资金的基础上，还需向银行等商业金融机构贷款，这些金融机构都把可行性研究报告作为项目申请贷款的先决条件，并且对项目可行性研究报告进行全面、细致地分析和评估，最后才能确定是否给予项目贷款。

3. 作为编制设计文件的依据

在现行规定中，虽然可行性研究是与项目设计文件的编制分别进行的，但项目的设计要严格按批准的可行性研究报告的内容进行，不得随意改变可行性研究报告中已确定的规模、地址、建筑设计方案、建设速度及投资额等控制性指标。

4. 作为拟建项目与有关协作单位签订合同或协议的依据

有些建设项目可能需要引进设备和技术，在与外商签订购买协议时要以批准的可行性研究报告作为依据。另外，在建设项目实施过程中要与供水、供电、供气、通信等单位签订有关协议或合同，这时也以批准的可行性研究报告作为依据。

5. 作为地方政府、环保部门和规划部门审批项目的依据

建设项目在申请建设执照时，需要地方政府、环保部门和规划部门对建设项目是否符合环保要求、是否符合地方城市规划要求等方面进行审查，这些审查都是以可行性研究报告中的内容作为依据。

6. 作为项目实施的依据

经过项目可行性研究论证以后，确定项目实施计划和资金落实情况，才能保证项目顺利实施。

（三）建设项目可行性研究的阶段

可行性研究从粗到细分析过程，按国际惯例可分为三个阶段。

1. 机会研究

机会研究是指在一地区或部门内，以市场调查和市场预测为基础，进行粗略和系统的估算，来提出项目，选择最佳投资机会。它是对项目投资方向提出的原则设想。

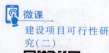

微课
建设项目可行性研究（二）

在机会研究以后,如果发现某项目可能获利时,就需要提出项目建议。在我国项目建议一般采用项目建议书的形式。该项目建议书一经批准,就可列入项目计划。

2. 初步可行性研究

因为对项目在技术上和经济上作出较为系统的、明确的、详细的论证是较费时间和财力的工作,所以,在下决心进行详细可行性研究以前,通常进行初步可行性研究,使项目设想较为详细并对该设想作出初步估计。

倘若项目建议书所提供的资料、数据足可对项目进行详细研究,则在作出项目建议书后,可直接进行详细可行性研究。

3. 详细可行性研究

详细可行性研究就是我们平时说的可行性研究,是项目技术经济论证的关键环节。详细可行性研究必须为项目提供政治、经济、社会等各方面的详尽情况,计算和分析项目在技术上、财务上、经济上的可行性后作出投资与否的决策。

(四) 建设项目可行性研究的依据

对一个拟建项目进行可行性研究,必须在国家有关的规划、政策、法规的指导下完成,同时,还要有相关的技术资料。可行性研究工作的主要依据有以下几个方面。

① 国家有关的发展规划、方针和技术经济政策。按照国家有关经济发展的规划、经济建设的方针和政策及地区和部门发展规划,进行市场调查和研究,确定投资方向和规模,提出需要进行可行性研究的项目建议书。

② 项目建议书和委托单位的要求。项目建议书是做好各项准备工作和进行可行性研究的重要依据,只要经国家计划部门同意,并列入建设前期工作计划后,就能开展可行性研究工作。建设单位在委托可行性研究任务时,应向承担可行性研究工作的单位,提供有关市场调查资料、资金来源及工作范围等情况。项目建议书批准以后,才能进行可行性研究工作。

③ 有关的基础资料。进行可行性研究工作时,需要建设单位提供项目所在地、工程技术方案以及进行技术经济分析所需的自然、地理、水文、地质、社会、经济等有关基础数据资料。

④ 有关工程技术经济方面的规范、标准、定额等,以及国家正式颁布的经济法规和规定。

⑤ 国家和有关部门颁布的关于项目评价的基本参数和指标。在进行项目可行性研究中,需要使用项目评价的基本参数和指标,这些参数可由国家统一颁布执行,也可由主管部门根据部门、行业的特点,编制有关项目的技术经济参数,根据实际情况进行测算后,自行拟定,并报国家有关部门备案。在进行可行性研究时,以国家发展改革委和建设部联合颁布的《建设项目经济评价方法与参数》(第三版)为依据。

(五) 建设项目可行性研究的步骤

建设项目可行性研究,一般由业主委托有资质的咨询公司进行可行性研究,编制可行性研究报告,其工作步骤一般有以下几个方面。

1. 接受委托

在建设项目建议书批准以后,业主可委托有资质的咨询公司进行可行性研究,双方签订合同协议,明确规定工作范围、研究深度、进度安排、费用支付方式、违约责任等有关协议内容。接受委托的单位应组织编制人员,明确委托者的目的和要求,研究的工作内容,制订研究计划。

2. 调查研究

在项目建议书的基础上,收集有关基本参数、计算指标、规范、标准,明确调查研究的内容。调查研究主要从市场调查和资源调查两方面进行。

3. 方案选择和优化

根据项目建议书的要求,在市场调查和资源调查过程中收集到的资料和数据的基础上,建立若干可供选择的投资方案,会同委托单位一起进行反复论证、比较,评选出合理的投资方案,确定建设项目规模、建筑类型、生产工艺、设备选型等技术经济指标。

4. 经济分析和评价

根据调查的资料和有关规定,选择与本项目有关的经济评价基础数据和参数,对所选的最佳投资方案进行详细的财务预测、财务分析、国民经济评价和社会效益评价。

5. 编写可行性研究报告

根据上述分析与评价,编写可行性研究报告,提出结论性建议、措施供委托单位作为决策依据。

（六）可行性研究报告的内容构成

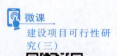

微课
建设项目可行性研究(三)

可行性研究报告是项目决策阶段最关键的一个环节,是主管部门进行审批的主要依据。它的任务是对拟建项目在技术上、经济上进行全面的分析与论证,向决策者推荐最优的建设方案,可行性研究报告一经批准,就是对项目进行了最终决策。一般工业项目可行性研究报告的内容如下。

1. 总论

总论包括项目背景和项目概况。项目背景,包括项目名称,项目的承办单位,承担可行性研究的单位,项目拟建地区和地点,项目提出的背景,投资的必要性和经济意义,研究工作的依据和范围;项目概况,包括拟建地点、建设规模与目标、主要建设条件、项目投入总资金及效益情况、主要技术经济指标。

2. 产品的市场分析和拟建规模

产品的市场分析主要内容包括产品需求量调查,产品价格分析,预测未来发展趋势,预测销售价格、需求量。拟建规模是指确定拟建项目生产规模,制订产品方案。

3. 资源、原材料、燃料及公用设施情况

资源、原材料、燃料及公用设施情况主要内容包括资源评述,原材料、主要辅助材料需用量及供应,燃料动力及其公用设施的供应,材料试验情况。

4. 建设条件和厂址选择

建设地区选择主要包括拟建厂区的地理位置、地形、地貌基本情况,水源、水文地质条件,气象条件,供水、供电、运输、排水、电讯、供热等情况,施工条件,市政建设及生活设施,社会经济条件等。厂址选择主要包括厂址多方案比较,厂址推荐方案。

5. 项目设计方案

项目设计方案主要内容包括生产技术方法,总平面布置和运输方案,主要建筑物、构筑物的建筑特征与结构设计,特殊基础工程的设计,建筑材料,土建工程造价估算,给排水、动力、公用工程设计方案,地震设防,生活福利设施设计方案等。

6. 环境保护与劳动安全

环境保护与劳动安全主要分析建设地区的环境现状,分析主要污染源和污染物,项目拟采用的环境保护标准,治理环境的方案,环境监测制度的建议,环境保护投资估算,环境影响评价结论,劳动保护与安全卫生。

7. 企业组织、劳动定员和人员培训

企业组织、劳动定员和人员培训主要内容包括企业组织形式,企业工作制度,劳动定员,年总工资和职工年平均工资估算,人员培训及费用估算。

8. 项目施工计划和进度安排

项目施工计划和进度安排要明确项目实施的各阶段,编制项目实施进度表、项目实施费用等内容。

9. 投资估算与资金筹措

项目总投资估算包括建设投资估算、建设期利息估算和流动资金估算;资金筹措包括资金来源和项目筹资方案。

10. 项目经济评价

项目经济评价主要内容包括财务评价基础数据测算、项目财务评价、国民经济评价、不确定性分析、社会效益和社会影响分析等。

11. 项目结论与建议

根据项目综合评价,提出项目可行或不可行的理由,并提出存在的问题及改进建议。包括项目建议书、项目立项批文、厂址选择报告、资源勘探报告、贷款意见书、环境影响报告、引进技术项目的考察报告、利用外资的各类协议文件等附件。包括厂址地形或位置图、总平面布置方案图、建筑方案设计图、工艺流程图、主要车间布置方案简图等附图。

对于一般工业项目可行性研究报告,从11个方面进行编写,这11个方面可简单概括为三部分,第一部分是市场研究,包括市场调查和预测,是可行性研究的前提和基础,解决拟建项目存在的"必要性"。第二部分是技术研究,包括技术方案和建设条件,是可行性研究的技术基础,解决拟建项目技术上的"可行性"。第三部分是效益研究,包括经济效益分析与评价,是可行性研究的核心,解决拟建项目经济上的"合理性"。

二、建设项目财务评价

财务评价是在国家现行财税制度和市场价格体系下,分析预测项目的财务效益与费用,计算财务评价指标,考察拟建项目的盈利能力、清偿能力,据以判断建设项目的财务可行性。其作用主要是用以衡量项目财务盈利能力,用于筹措资金,为协调企业利益和国家利益提供依据。

财务评价是建设项目可行性研究的核心,它是通过若干个建设方案比较,选出技术上先进、经济上合理的方案,并对拟建项目进行全面的技术、经济、社会等方面的评价,提出综合评价意见,其评价结论是决定项目取舍的重要决策依据。建设项目财务评价一般按照以下流程开展。

① 收集、整理和计算有关财务基础数据资料。根据项目市场调查和分析的结果,以及现行价格体系和财税制度进行财务数据分析,确定项目计算期,估算出项目的投资额、销售收入、总成本、利润及税金等一系列财务基础数据,并将得到的财务基础数

微课
财务评价的含义和作用

微课
财务评价的目标和程序

据,编制成财务数据估算表。

② 编制财务评价报表。根据财务数据估算表,分别编制现金流量表、利润与利润分配表、资产负债表和借款偿还计划表等财务评价报表。

③ 财务评价指标的计算与评价。根据财务评价报表,计算财务净现值、财务内部收益率、投资回收期、总投资收益率、资本金净利润率、借款偿还期、利息备付率和偿债备付率等财务评价指标,并分别与对应的项目评价参数进行比较,对各项财务状况作出评价并得出结论。

④ 进行不确定性分析。通过盈亏平衡分析、敏感性分析及概率分析等不确定性分析方法,分析项目可能面临的风险及项目在不确定情况下的抗风险能力,得出项目在不确定情况下的财务评价结论和建议。

(一) 建设项目财务数据测算

建设项目财务数据的测算,是在项目可行性研究的基础上,按照项目经济评价的要求,调查、收集和测算一系列的财务数据,如总投资、总成本、销售收入、税金和利润,并编制各种财务基础数据估算表。

1. 总成本费用估算

工业企业总成本费用是指生产和销售过程中所消耗的活劳动和物化劳动的货币表现。

总成本费用按其生产要素划分的构成,如图 2-2 所示。

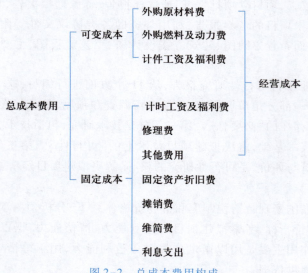

图 2-2　总成本费用构成

可变成本是指产品成本中随产品产量发生变动的费用。固定成本是在一定生产规模中不随产品产量发生变动的费用。经营成本是项目评价所特有的概念,用于项目财务评价的现金流量分析,它是总成本费用扣除固定资产折旧费、无形资产摊销费、维简费、利息支出后的成本费用。

① 外购原材料、燃料、动力费。外购原材料、燃料、动力费是指构成产品实体的原材料及有助于产品形成的材料,直接用于生产的燃料及动力费用。计算式如下。

外购原材料、燃料、动力费 $=\sum($ 某种材料、燃料、动力消耗量×某种原材料、燃料、动力单价$)$

$$(2-20)$$

② 工资总额。计算式如下。

$$工资总额=企业定员人数×年平均工资 \qquad (2-21)$$

③ 职工福利费。企业按工资总额的 14% 估算。计算式如下。

$$职工福利费=工资总额×规定的比例 \qquad (2-22)$$

④ 固定资产折旧费。固定资产折旧费是固定资产在使用过程中，由于逐渐磨损而转移到生产成本中去的价值。固定资产折旧费是产品成本的组成部分，也是偿还投资贷款的资金来源。

固定资产折旧的计算可采用直线折旧法和加速折旧法，在项目可行性研究中，一般采用直线折旧法。计算式如下。

$$
\begin{aligned}
年折旧额 &= \frac{固定资产原值-残值}{折旧年限} \\
&= \frac{(建设投资+建设期利息)×固定资产形成率-残值}{折旧年限} \\
&= \frac{(建设投资+建设期利息)×固定资产形成率×(1-残值率)}{折旧年限} \qquad (2-23)
\end{aligned}
$$

式中，固定资产形成率为在建设投资中能够形成固定资产的百分比。

⑤ 修理费。计算式如下。

$$修理费=年折旧费×一定的百分比 \qquad (2-24)$$

式中，百分比可参照同类项目的经验数据加以确定。

⑥ 摊销费。摊销费是指无形资产等的一次性投入费用在有效使用期限内平均分摊。摊销费一般采用直线法计算，不留残值。

⑦ 维简费。维简费是采掘、采伐工业按生产产品数量提取的固定资产更新和技术改造资金，即维持简单再生产的资金。这类费用采掘、采伐企业不计固定资产折旧费。

⑧ 利息支出。利息支出的估算包括长期借款利息、流动资金借款利息和短期借款利息三部分。

长期借款利息是指对建设期间借款余额应在生产期支付的利息，项目评价中可以选择等额还本利息照付方式或等额还本付息方式来计算长期借款利息。

在等额还本利息照付方式下，建设期的相关计算式如下。

$$年初借款余额=上一年初借款余额+上年借款额+上年应计利息 \qquad (2-25)$$

$$本年应计利息=\left(年初借款本息累计+\frac{本年借款额}{2}\right)×年利率 \qquad (2-26)$$

在等额还本利息照付方式下，还款期的相关计算式如下。

$$年初借款余额=上一年初借款余额-上一年应还本金 \qquad (2-27)$$

$$本年应计利息=年初借款余额×年利率 \qquad (2-28)$$

$$还款各年应还本金=\frac{还款期第一年年初借款余额}{等额还款年限} \qquad (2-29)$$

$$本年应还利息=还款期本年应计利息 \qquad (2-30)$$

[例 2-8]　某建设项目建设期为 2 年，第 1 年贷款额 1 000 万元，第 2 年贷款额

1 200 万元,均不含建设期利息。还款方式为在生产期前 5 年,按照等额还本利息照付方式进行偿还。建设投资贷款利率为 5%(按年计息)。要求:试编制借款偿还计划表。

解:按照等额还本利息照付方式偿还计划表见表 2-11。

表 2-11 借款偿还计划   单位:万元

序号	项目	1	2	3	4	5	6	7
1	年初借款余额	0	1 025	2 306.25	1 845	1 383.75	922.5	461.25
2	本年借款额	1 000	1 200	0	0	0	0	0
3	本年应计利息	25	81.25	115.31	92.25	69.19	46.13	23.06
4	本年还本付息	0	0	576.56	553.5	530.44	507.38	484.31
4.1	本年应还本金	0	0	461.25	461.25	461.25	461.25	461.25
4.2	本年应还利息	0	0	115.31	92.25	69.19	46.13	23.06
5	年末借款余额	1 025	2 306.25	1 845	1 383.75	922.5	461.25	0

在等额还本付息方式下,年初借款余额、本年应计利息、本年应还利息的计算与第一种方法一样。计算式如下。本年应还本金为本年还本付息与本年应还利息的差额。

$$还款各年还本付息 = P\left(\frac{A}{P}, i, n\right) \tag{2-31}$$

式中:P——还款期第一年年初借款余额;

n——等额还款年限。

例 2-8 中,还款方式改成按照等额还本付息方式进行偿还,其他条件不变,编制的借款偿还计划表见表 2-12。

表 2-12 借款偿还计划   单位:万元

序号	项目	1	2	3	4	5	6	7
1	年初借款余额	0	1 025	2 306.25	1 888.91	1 450.71	990.6	507.48
2	本年借款额	1 000	1 200	0	0	0	0	0
3	本年应计利息	25	81.25	115.31	94.45	72.54	49.53	25.37
4	本年还本付息	0	0	532.65	532.65	532.65	532.65	532.65
4.1	本年应还本金	0	0	417.34	438.2	460.11	483.12	507.28
4.2	本年应还利息	0	0	115.31	94.45	72.54	49.53	25.37
5	年末借款余额	1 025	2 306.25	1 888.91	1 450.71	990.6	507.48	0

$$A = P\frac{i(1+i)^n}{(1+i)^n - 1} = 2\ 306.25 \times \frac{5\% \times (1+5\%)^5}{(1+5\%)^5 - 1} = 532.65(万元)$$

根据国家现行财税制度规定,偿还建设投资借款本金的资金来源主要是项目投产后所取得的净利润和摊入成本费用中的折旧费和摊销费。本年应还本金计算式如下。

本年应还本金=本年折旧费+本年摊销费+本年维简费+本年未分配利润

$$\tag{2-32}$$

在项目可行性研究中,流动资金借款利息当年计息当年还清,流动资金借款本金在计算期末归还。本年流动资金借款利息计算式如下。

$$本年流动资金借款利息 = 本年流动资金借款余额 \times 年利率 \tag{2-33}$$

短期借款利息的计算同流动资金借款利息,短期借款的偿还按照随借随还的原则处理,即当年借款尽可能于下年偿还。

⑨ 其他费用。其他费用包括制造费用、管理费用、销售费用中的办公费、差旅费、运输费、工会经费、职工教育经费、土地使用费、技术转让费、咨询费、业务招待费、坏账损失费,在成本费用中列支的税金,如房产税、土地使用税、车船使用税、印花税等,租赁费、广告费、销售服务费等。

通过上述估算可编制总成本费用估算表。

2. 营业收入、营业税金及附加、利润估算

① 营业收入估算。营业收入是指销售产品或者提供服务所获得的收入。计算式如下。

$$年营业收入 = 年销售量 \times 销售单价 + 服务收入 \tag{2-34}$$

式中,年销售量应根据对国内外市场需求与供应预测的分析结果,结合项目的生产能力加以确定;销售单价为项目产品的出厂价格。出厂价格主要根据市场上同类产品的售价以及该项目产品市场价格的发展趋势确定。

② 营业税金及附加费估算。按照现行税法规定,增值税作为价外税不包括在营业税金及附加中,产出物的价格不含有增值税中的销项税,投入物的价格中也不含有增值税中的进项税,所以增值税不在营业税金及附加中单独反映。

消费税是对在我国境内生产、委托加工和进口烟、酒、化妆品、贵重首饰、汽油、小汽车、摩托车等 11 种消费品的单位和个人按差别税率或税额征收的一种税。消费税税率从 3%～45% 不等。计算式如下。

$$应纳消费税额 = 销售收入 \times 适用税率 = 销售数量 \times 单位税率 \tag{2-35}$$

营业税是对在我国境内从事交通运输业、建筑业、邮电通信业、文化体育业、金融保险业、娱乐业、服务业、转让无形资产和销售不动产的单位和个人征收的一种税。营业税税率在 3%～20% 的范围内。计算式如下。

$$营业税 = 销售收入 \times 营业税税率 \tag{2-36}$$

资源税是对从事原油、天然气、煤炭、其他非金属矿原矿、黑色金属矿原矿、有色金属矿原矿和盐的开采或生产而进行销售或自用的单位和个人所征收的一种税。计算式如下。

$$应纳资源税额 = 销售数量 \times 单位税率 \tag{2-37}$$

城市维护建设税是为城市建设和维护筹集资金,而向有销售收入的单位和个人征收的一种税。城市维护建设税税率按所在地实行 7%、5%、1% 的差别税率。计算式如下。

$$城市维护建设税 = (营业税、增值税、消费税)实际缴纳额 \times 适用税率 \tag{2-38}$$

教育费附加和地方教育附加是为了加快地方教育事业的发展,扩大地方教育经费的资金来源,而向有销售收入的单位和个人征收的一种税。教育费附加费率为 3%,地方教育附加费率为 2%。计算式如下。

$$教育费附加 = (营业税、增值税、消费税)实际缴纳额 \times 费率 \tag{2-39}$$

$$地方教育附加 = (营业税、增值税、消费税)实际缴纳额 \times 费率 \tag{2-40}$$

3. 利润总额及其利润分配估算

① 利润总额估算。利润总额是财务数据测算的中心目标,是企业在一定时期内生产经营的最终成果,集中反映企业生产的经济效益。一般只测算产品的销售利润,不考虑其他销售利润和营业外收支。计算式如下。

$$利润总额=销售利润+其他销售利润+营业外收入-营业外支出 \qquad (2-41)$$

$$年利润总额=年营业收入-年营业税金及附加-年总成本费用 \qquad (2-42)$$

② 净利润及其分配估算。净利润是利润总额扣除企业所得税后的余额,可供分配利润为净利润加上期初未分配利润,可供分配利润可在企业、投资者、职工之间分配。

企业所得税是对我国境内企业生产、经营所得和其他所得征收的一种税。企业所得税税率一般为 25% 。计算式如下。

$$企业所得税=应纳所得额×税率 \qquad (2-43)$$

$$应纳所得额=收入总额-准予扣除项目金额 \qquad (2-44)$$

准予扣除项目金额是指与纳税取得收入有关的成本、费用、税金和损失。如企业发生年度亏损的,可以用下一纳税年度的所得弥补;下一纳税年度的所得不足弥补的,可以逐年延续弥补,但延续弥补最长不得超过 5 年。如企业在 5 年内用纳税年度所得不足弥补亏损,可用净利润弥补,弥补后的可供分配利润的顺序如下。

a. 提取法定盈余公积金。按净利润的 10% 提取法定盈余公积金,随后应付优先股股利,然后提取任意盈余公积金,按可供分配利润的一定比例(由董事会决定)提取。

b. 应付优先股股利。按投资比例分取红利,具体由董事会决定。

c. 提取任意盈余公积金。经股东大会决议,可从净利润中提取任意盈余公积金。

d. 应付普通股股利。经股东大会决议,可按股东持有的股份比例分配红利。

e. 未分配利润。未分配利润是向投资者分配完利润后剩余的利润,可留待以后年度进行分配。企业如发生亏损,可以按规定由以后年度利润进行弥补。

(二)建设项目财务评价报表的编制

建设项目财务评价报表是进行建设项目动态和静态计算、分析和评价的必要的报表。按照国家发改委与建设部联合发布的《建设项目经济评价方法与参数》(第三版)的内容,财务评价报表包括现金流量表、利润与利润分配表、财务计划现金流量表、资产负债表和借款还本付息计划表。

1. 现金流量表

现金流量表是根据项目在计算期内各年的现金流入和现金流出,计算各年净现金流量的财务报表。通过现金流量表可以计算动态和静态的评价指标,全面反映项目本身的财务盈利能力。现金流量表主要由"现金流入""现金流出""净现金流量"等组成。根据融资前和融资后,现金流量表分为项目投资现金流量表、项目资本金现金流量表和投资各方现金流量表。

(1)项目投资现金流量表

项目投资现金流量表是从项目投资总获利能力角度,考察项目方案设计的合理性。根据需要,可从所得税前和所得税后两个角度进行考察,选择计算所得税前和所得税后财务内部收益率、财务净现值和投资回收期等指标,评价融资前项目投资的盈利能力。

[例 2-9] 若某大厦的立体车库由某单位建造并由其经营。立体车库建设期 1

年,第 2 年开始经营。建设投资 600 万元,流动资金投资 100 万元,第 2 年年末一次性投入,全部为自有资金投资。从第 2 年开始,营业收入假定各年 200 万元,营业税金及附加 11 万元,经营成本 25 万元,所得税税率为 25%。平均固定资产折旧年限为 10 年,残值率 5%。计算期 11 年。

要求:编制融资前项目投资现金流量表(保留整数位)。

解:回收固定资产余值 = $600 \times 5\% = 30$(万元)

$$年折旧费 = \frac{600 - 570}{10} = 57(万元)$$

第 2 ~ 11 年各年利润总额 $= 200 - 25 - 57 - 11 = 107$(万元)

第 2 ~ 11 年各年调整所得税 $= 107 \times 25\% = 26.75$(万元)

项目投资现金流量表见表 2–13。

表 2–13 项目投资现金流量表　　　　　　　　　单位:万元

序号	项目	计算期										
		1	2	3	4	5	6	7	8	9	10	11
1	现金流入		200	200	200	200	200	200	200	200	200	330
1.1	营业收入		200	200	200	200	200	200	200	200	200	200
1.2	回收固定资产余值											30
1.3	回收流动资金											100
2	现金流出	600	136	36	36	36	36	36	36	36	36	36
2.1	建设投资	600										
2.2	流动资金		100									
2.3	经营成本		25	25	25	25	25	25	25	25	25	25
2.4	营业税金及附加		11	11	11	11	11	11	11	11	11	11
3	所得税前净现金流量	-600	64	164	164	164	164	164	164	164	164	294
4	累计所得税前净现金流量	-600	-536	-372	-208	-44	120	284	448	612	776	1 070
5	调整所得税		27	27	27	27	27	27	27	27	27	27
6	所得税后净现金流量	-600	37	137	137	137	137	137	137	137	137	267
7	累计所得税后净现金流量	-600	-563	-426	-289	-152	-15	122	259	396	533	800

（2）项目资本金现金流量表

项目资本金现金流量表是从项目权益投资者整体的角度,考察项目给项目权益投资者带来的收益水平。通过计算资本金财务内部收益率反映项目融资后从投资者整体权益角度考察项目投资的盈利能力。

（3）投资各方现金流量表

投资各方现金流量表(表 2–14)主要考察投资各方的投资收益水平,投资各方通过计算投资各方财务内部收益率,分析项目融资后投资各方投入资本的盈利能力。

表 2-14 投资各方现金流量表   单位:万元

序号	项目	计算期							合计
		1	2	3	4	5	…	n	
1	现金流入								
1.1	实分利润								
1.2	资产处置收益分配								
1.3	租赁费收入								
1.4	技术转让收入								
1.5	其他现金流入								
2	现金流出								
2.1	实缴资本								
2.2	租赁资产支出								
2.3	其他现金流出								
3	净现金流量								

2. 利润与利润分配表

利润与利润分配表是反映项目计算期内各年营业收入、总成本费用、利润总额等情况,以及所得税后利润的分配,用于计算总投资收益率、项目资本金净利润率等指标,反映融资后项目投资的盈利能力。在利润与利润分配表中,还清贷款前未分配利润的提取方式为

当(净利润+折旧费+摊销费)<该年应还本金时,则不进行利润分配,不足部分需要短期借款。

当(净利润+折旧费+摊销费)>该年应还本金时,则未分配利润为该年应还本金减折旧费和摊销费。

3. 财务计划现金流量表

财务计划现金流量表是反映项目计算期各年的投资、融资及经营活动的现金流入和现金流出,用于计算累计盈余资金,分析项目的财务生存能力。

4. 资产负债表

资产负债表是用于综合反映项目计算期内各年年末资产、负债和所有者权益的增减变化及对应关系,计算资产负债率指标,反映融资后项目投资的偿债能力,如表 2-15 所示。

表 2-15 资产负债表   单位:万元

序号	项目	计算期					
		1	2	3	4	…	n
1	资产						
1.1	流动资产总额						
1.1.1	货币资金						
1.1.2	应收账款						
1.1.3	预付账款						
1.1.4	存货						
1.1.5	其他						
1.2	在建工程						

续表

序号	项目	计算期					
		1	2	3	4	…	n
1.3	固定资产净值						
1.4	无形及其他资产净值						
2	负债及所有者权益						
2.1	流动负债总额						
2.1.1	短期借款						
2.1.2	应付账款						
2.1.3	预收账款						
2.1.4	其他						
2.2	建设投资借款						
2.3	流动资金借款						
2.4	负债小计						
2.5	所有者权益						
2.5.1	资本金						
2.5.2	资本公积						
2.5.3	累计盈余公积金						
2.5.4	累计未分配利润						
计算指标: 资产负债率(%)							

5. 借款还本付息计划表

借款还本付息计划表是反映项目计算期内各年借款本金偿还和利息支付情况,用于计算偿债备付率和利息备付率指标,反映融资后项目投资的偿债能力。

[例2-10]　某工业项目计算期15年,建设期3年,第4年投产,第5年开始达到生产能力。

① 建设投资(不含建设期利息)8 000万元,全部形成固定资产,流动资金2 000万元。建设投资贷款的年利率为6%,建设期间只计息不还款,第4年投产后开始还贷,每年付清利息并分10年等额偿还建设期利息资本化后的全部借款本金。投资计划与资金筹措表如表2-16所示。

② 固定资产平均折旧年限为15年,残值率5%。要求:计算期末回收固定资产余值和回收流动资金。

③ 营业收入、营业税金及附加和经营成本的预测值如表2-17所示,其他支出忽略不计。

表2-16　某工业项目投资计划与资金筹措　　　　单位:万元

项目	1	2	3	4
建设投资	2 500	3 500	2 000	
其中:自有资金	1 500	1 500	1 000	
贷款(不含贷款利息)	1 000	2 000	1 000	
流动资金				2 000
其中:自有资金				2 000
贷款				0

表 2-17   某工业项目营业收入、营业税金及附加和经营成本预测   单位:万元

项目	4	5	6	…	15
营业收入	5 600	8 000	8 000	…	8 000
营业税金及附加	320	480	480	…	480
经营成本	3 500	5 000	5 000	…	5 000

④ 可供分配利润包括法定盈余公积金、应付利润和未分配利润。法定盈余公积金按净利润的 10% 计算。还清贷款后未分配利润按可供分配的利润扣除法定盈余公积金后的 10% 计算。各年所得税税率为 25%。表内数值四舍五入取整。

要求:① 编制借款还本付息计划表。

② 编制利润与利润分配表。

③ 编制项目资本金现金流量表。

④ 编制财务计划现金流量表。

解:第 1 年建设期利息 $=\left(\text{年初贷款本息累计}+\dfrac{\text{本年贷款额}}{2}\right)\times \text{年利率}$

$$=\left(0+\frac{1\ 000}{2}\right)\times 6\%=30(\text{万元})$$

第 2 年建设期利息 $=\left(1\ 000+30+\dfrac{2\ 000}{2}\right)\times 6\%=121.8(\text{万元})$

第 3 年建设期利息 $=\left(1\ 000+30+2\ 000+121.8+\dfrac{1\ 000}{2}\right)\times 6\%$

$$=219.11(\text{万元})$$

建设期总利息 $=30+121.8+219.11=370.91(\text{万元})$

$$\text{年折旧额}=\frac{\text{固定资产原值(含建设期利息)}\times(1-\text{残值率})}{\text{折旧年限}}$$

$$=\frac{(8\ 000+370.91)\times(1-5\%)}{15}=530.16(\text{万元})$$

回收固定资产余值 $=$ 固定资产原值(含建设期利息) $-$ 累计折旧

$$=8\ 000+370.91-530.16\times 12$$

$$=2\ 008.99(\text{万元})$$

第 4 年净利润 $+$ 年折旧费 $=741+530.16=1\ 271.16(\text{万元})>$ 应还本金 $(437\ \text{万元})$

用折旧费 530.16 万元可归还当年应还本金 437 万元,第 4 年的净利润可全部用于分配。

第 4 年法定盈余公积金 $=741\times 10\%=74.1(\text{万元})$

第 4 年未分配利润 $=0$

第 4 年应付利润 $=741-74.1-0=666.9(\text{万元})$

第 14 年法定盈余公积金 $=1\ 493\times 10\%=149.3(\text{万元})$

第 14 年未分配利润 $=(1\ 493-149.3)\times 10\%=134.37(\text{万元})$

第 14 年应付利润 $=1\ 493-149.3-134.37=1\ 209.33(\text{万元})$

编制的借款还本付息计划表见表 2-18,利润与利润分配表见表 2-19,项目资本金现金流量表见表 2-20,财务计划现金流量表见表 2-21。

表2-18　借款还本付息计划

单位:万元

序号	项目	1	2	3	4	5	6	7	8	9	10	11	12	13
													计算期	
1	年初借款余额	0	1 030	3 152	4 371	3 934	3 497	3 060	2 623	2 186	1 748	1 311	874	437
2	本年借款	1 000	2 000	1 000										
3	本年应计利息	30	122	219	262	236	210	184	157	131	105	79	52	26
4	本年还本付息				699	673	647	621	594	568	542	516	490	463
4.1	本年应还本金				437	437	437	437	437	437	437	437	437	437
4.2	本年应还利息				262	236	210	184	157	131	105	79	52	26
5	年末借款余额	1 030	3 152	4 371	3 934	3 497	3 060	2 623	2 186	1 748	1 311	874	437	0

表2-19　利润与利润分配表

单位:万元

序号	项目	1	2	3	4	5	6	7	8	9	10	11	12	13	14	15	合计
									计算期								
1	营业收入				5 600	8 000	8 000	8 000	8 000	8 000	8 000	8 000	8 000	8 000	8 000	8 000	93 600
2	营业税金及附加				320	480	480	480	480	480	480	480	480	480	480	480	5 600
3	总成本费用				4 292	5 766	5 740	5 714	5 687	5 661	5 635	5 609	5 583	5 556	5 530	5 530	66 303
4	利润总额(1-2-3)				988	1 754	1 780	1 806	1 833	1 859	1 885	1 911	1 937	1 964	1 990	1 990	21 697
5	弥补以前年度亏损				0	0	0	0	0	0	0	0	0	0	0	0	
6	应纳税所得额(4-5)				988	1 754	1 780	1 806	1 833	1 859	1 885	1 911	1 937	1 964	1 990	1 990	21 697
7	所得税				247	439	445	452	458	465	471	478	484	491	498	498	5 424
8	净利润				741	1 316	1 335	1 355	1 375	1 394	1 414	1 433	1 453	1 473	1 493	1 493	16 273
9	期初未分配利润				0	0	0	0	0	0	0	0	0	0	0	0	134
10	可供分配利润(8+9)				741	1 316	1 335	1 355	1 375	1 394	1 414	1 433	1 453	1 473	1 493	1 627	16 407
11	法定盈余公积金				74	132	134	135	137	139	141	143	145	147	149	149	1 627
12	应付利润(10-11-13)				667	1 184	1 202	1 219	1 237	1 255	1 272	1 290	1 307	1 326	1 209	1 330	14 498
13	未分配利润				0	0	0	0	0	0	0	0	0	0	134	148	282
14	息税前利润				1 250	1 990	1 990	1 990	1 990	1 990	1 990	1 990	1 990	1 990	1 990	1 990	23 140

表2-20　项目资本金现金流量表

单位：万元

序号	项目								计算期							
		1	2	3	4	5	6	7	8	9	10	11	12	13	14	15
1	现金流入				5 600	8 000	8 000	8 000	8 000	8 000	8 000	8 000	8 000	8 000	8 000	12 009
1.1	营业收入				5 600	8 000	8 000	8 000	8 000	8 000	8 000	8 000	8 000	8 000	8 000	8 000
1.2	回收固定资产余值															2 009
1.3	回收流动资金				2 000											2 000
2	现金流出	1 500	1 500	1 000	6 766	6 592	6 572	6 553	6 532	6 513	6 493	6 474	6 454	6 434	5 978	5 978
2.1	项目资本金	1 500	1 500	1 000	2 000											
2.2	借款本金偿还				437	437	437	437	437	437	437	437	437	437	0	0
2.3	借款利息支出				262	236	210	184	157	131	105	79	53	26	0	0
2.4	经营成本				3 500	5 000	5 000	5 000	5 000	5 000	5 000	5 000	5 000	5 000	5 000	5 000
2.5	营业税金及附加				320	480	480	480	480	480	480	480	480	480	480	480
2.6	所得税				247	439	445	452	458	465	471	478	484	491	498	498
3	净现金流量(1-2)	-1 500	-1 500	-1 000	-1 166	1 408	1 428	1 447	1 468	1 487	1 507	1 526	1 546	1 566	2 022	6 031

表2-21　财务计划现金流量表

单位：万元

序号	项目								计算期							
		1	2	3	4	5	6	7	8	9	10	11	12	13	14	15
1	经营活动净现金流量				1 533	2 081	2 075	2 068	2 062	2 055	2 049	2 042	2 036	2 029	2 022	2 022
1.1	现金流入				5 600	8 000	8 000	8 000	8 000	8 000	8 000	8 000	8 000	8 000	8 000	8 000
1.1.1	营业收入				5 600	8 000	8 000	8 000	8 000	8 000	8 000	8 000	8 000	8 000	8 000	8 000
1.2	现金流出				4 067	5 919	5 925	5 932	5 938	5 945	5 951	5 958	5 964	5 971	5 978	5 978

续表

序号	项目	1	2	3	4	5	6	7	8	9	10	11	12	13	14	15
1.2.1	经营成本				3 500	5 000	5 000	5 000	5 000	5 000	5 000	5 000	5 000	5 000	5 000	5 000
1.2.2	营业税金及附加				320	480	480	480	480	480	480	480	480	480	480	480
1.2.3	所得税				247	439	445	452	458	465	471	478	484	491	498	498
2	投资活动净现金流量	−2 500	−3 500	−2000	−2 000	0	0	0	0	0	0	0	0	0	0	0
2.1	现金流入				0	0	0	0	0	0	0	0	0	0	0	0
2.2	现金流出	2 500	3 500	2 000	2 000											
2.2.1	建设投资	2 500	3 500	2 000												
2.2.2	流动资金				2 000											
3	筹资活动净现金流量	2 500	3 500	2 000	634	−1 857	−1 849	−1 840	−1 831	−1 823	−1 814	−1 806	−1 797	−1 789	−1 209	−1 330
3.1	现金流入	2 500	3 500	2 000	2 000											
3.1.1	项目资本金投入	1 500	1 500	1 000	2 000											
3.1.2	建设投资借款	1 000	2 000	1 000												
3.1.3	流动资金借款				0											
3.2	现金流出				1 366	1 857	1 849	1 840	1 831	1 823	1 814	1 806	1 797	1 789	1 209	1 330
3.2.1	各种利息支出				262	236	210	184	157	131	105	79	53	26	0	0
3.2.2	偿还债务本金				437	437	437	437	437	437	437	437	437	437	0	0
3.2.3	应付利润				667	1 184	1 202	1 219	1 237	1 255	1 272	1 290	1 307	1 326	1 209	1 330
4	净现金流量（1+2+3）	0	0	0	167	224	226	228	231	232	235	236	239	240	813	692
5	累计盈余资金	0	0	0	167	391	617	845	1 076	1 308	1 543	1 779	2 018	2 258	3 071	3 763

微课
财务评价指标（一）

（三）建设项目财务评价指标计算与评价

建设项目财务评价指标是衡量建设项目财务经济效果的尺度。通常,根据不同的评价深度要求和可获得资料的多少,以及项目本身所处条件的不同,可选用不同的指标,这些指标有主有次,可以从不同侧面反映项目的经济效果。根据财务评价指标和财务评价报表,可以看出它们之间存在着一定的对应关系,如表 2-22 所示。

微课
财务评价指标（二）

表 2-22　财务评价指标与财务评价报表之间的关系

财务分析	财务评价报表	财务评价指标	
		静态指标	动态指标
盈利能力分析	项目投资现金流量表	投资回收期	财务净现值财务内部收益率
	项目资本金现金流量表	—	财务内部收益率
	投资各方现金流量表	—	投资各方财务内部收益率
	利润与利润分配表	总投资收益率项目资本金净利润率	—
财务生存能力分析	财务计划现金流量表		
清偿能力分析	借款还本付息计划表	利息备付率偿债备付率	—
	资产负债表	资产负债率	—

微课
财务评价指标（三）

1. 财务盈利能力评价指标

财务盈利能力分析主要考察项目的盈利水平,其主要评价指标为投资回收期、总投资收益率、项目资本金净利润率、财务净现值和财务内部收益率等,可根据项目的特点及财务分析的目的和要求选用。

微课
财务评价指标（四）

（1）静态投资回收期 P_t

静态投资回收期是在不考虑资金时间价值的情况下,反映项目财务投资回收能力的主要指标。它是指通过项目的净收益收回总投资所需要的时间。计算式如下。

$$\sum (CI-CO)_t = 0 \tag{2-45}$$

静态投资回收期可用财务现金流量表累计净现金流量计算求得,计算式如下。

$$P_t = 累计净现金流量开始出现正值年份数 - 1 + \frac{|上年累计净现金流量|}{当年净现金流量} \tag{2-46}$$

将求出的投资回收期 P_t 与行业基准投资回收期 P_c 比较,当 $P_t \leq P_c$ 时,应认为项目在财务上是可接受的。

（2）总投资收益率

总投资收益率是表示总投资的盈利水平,是指项目达到设计能力后正常年份的年息税前利润或运营期内年平均息税前利润与项目总投资的比率。计算式如下。

$$总投资收益率 = \frac{年息税前利润或年平均息税前利润}{总投资} \times 100\% \tag{2-47}$$

$$年息税前利润 = 利润总额 + 计入总成本的利息支出 \quad (2\text{-}48)$$
$$总投资 = 建设投资 + 建设期利息 + 流动资金 \quad (2\text{-}49)$$

在财务评价中,总投资收益率高于同行业的收益率参考值,表明用总投资收益率表示的盈利能力满足要求。

（3）项目资本金净利润率

项目资本金净利润率表示项目资本金的盈利能力,是指项目达到设计生产能力后正常年份的年净利润或运营期内年平均净利润与项目资本金的比率。计算式如下。

$$项目资本金净利润率 = \frac{年净利润或年平均净利润}{项目资本金} \times 100\% \quad (2\text{-}50)$$

在财务评价中,项目资本金净利润率高于同行业的净利润率参考值,表明用项目资本金净利润率表示的盈利能力满足要求。

[例2-11]　根据例2-10,计算该工业项目总投资收益率和项目资本金净利润率。

解:总投资收益率 $= \dfrac{年息税前利润}{总投资} \times 100\% = \dfrac{1\ 990}{8\ 000 + 370.91 + 2\ 000} \times 100\% = 19.19\%$

项目资本金净利润率 $= \dfrac{年平均净利润}{项目资本金} \times 100\% = \dfrac{16\ 273 \div 12}{6\ 000} \times 100\% = 22.60\%$

（4）财务净现值 FNPV

财务净现值是反映项目在计算期内获利能力的动态评价指标,是按行业基准收益率或设定的收益率,将各年的净现金流量折现到建设起点(建设期初)的现值之和。计算式如式2-51所示。

$$FNPV = \sum (CI - CO)_t (1 + i_c)^{-t} \quad (2\text{-}51)$$

式中：CI——现金流入量；

　　　　CO——现金流出量；

（CI−CO）$_t$——第 t 年的净现金流量；

　　　　t——计算期；

　　　　i_c——基准收益率或设定的收益率。

财务净现值可通过现金流量表求得。当 FNPV $\geqslant 0$ 时,表明项目获利能力达到或超过基准收益率或设定的收益率要求的获利水平,即该项目是可以接受的。

（5）财务内部收益率 FIRR

财务内部收益率是反映项目获利能力常用的重要的动态评价指标。它是指项目在计算期内各年净现金流量现值累计等于零时的折现率。计算式如下。

$$\sum (CI - CO)_t (1 + FIRR)^{-t} = 0 \quad (2\text{-}52)$$

财务内部收益率可通过财务现金流量表中的净现金流量计算,用试差法求得。当 FIRR $\geqslant i_c$ 时,表明项目获利能力超过或等于基准收益率或设定的收益率的获利水平,即该项目是可以接受的。

财务内部收益率的计算一般采用试算内插法进行计算。计算式如下。

$$FIRR = i_1 + (i_2 - i_1) \times \frac{|FNPV_1|}{|FNPV_1| + |FNPV_2|} \quad (2\text{-}53)$$

[例2-12]　若例2-9的项目基准收益率为10%,基准投资回收期为7年。要求：根据项目投资现金流量表,计算所得税前财务净现值、财务内部收益率和静态投资回

收期,并判断该项目的可行性。

解:

$$FNPV(10\%) = -600(P/F,10\%,1) + 64(P/F,10\%,2)$$
$$+164(P/A,10\%,8)(P/F,10\%,2) + 294(P/F,10\%,11)$$
$$= 333.05(万元)$$

$$FNPV(FIRR) = -600(P/F,FIRR,1) + 64(P/F,FIRR,2) + 164(P/A,FIRR,8)(P/F,FIRR,2) + 294(P/F,FIRR,11) = 0$$

当 $i=20\%$ 时, $FNPV(20\%) = -600(P/F,20\%,1) + 64(P/F,20\%,2) + 164(P/A,20\%,8)(P/F,20\%,2) + 294(P/F,20\%,11) = 21.02(万元)$

当 $i=22\%$ 时, $FNPV(22\%) = -600(P/F,22\%,1) + 64(P/F,22\%,2) + 164(P/A,22\%,8)(P/F,22\%,2) + 294(P/F,22\%,11) = -17.02(万元)$

$$FIRR = 20\% + \frac{21.02}{21.02+17.02} \times (22\%-20\%) \times 100\% = 21.11\%$$

$$P_t = 6-1+\frac{|44|}{164} = 5.27(年)$$

由于 FNPV(10%) = 333.05 (万元)>0

FIRR = 21.11% > i_c(10%)

P_t = 5.27 年 < P_c(7 年)

所以根据所得税前财务净现值、财务内部收益率和静态投资回收期可知,该项目可行。

2. 财务清偿能力评价指标

清偿能力分析主要考察计算期内各年财务状况及偿还能力。反映项目清偿能力的主要评价指标有利息备付率、偿债备付率、资产负债率等。

(1)利息备付率

利息备付率是指项目在借款偿还期内,各年可用于支付利息的息税前利润与当期应付利息费用的比值。它从付息资金来源的充裕性角度反映项目偿付债务利息的保障程度。计算式如下。

$$利息备付率 = \frac{息税前利润}{当期应付利息费用} \tag{2-54}$$

利息备付率应分年计算,利息备付率高,表明利息偿付的保障程度高。

利息备付率>1,并结合债权人的要求确定。

(2)偿债备付率

偿债备付率是指项目在借款偿还期内,各年可用于还本付息资金与当期应还本付息金额的比值。计算式如下。

$$偿债备付率 = \frac{可用于还本付息资金}{当期应还本付息金额} \tag{2-55}$$

可用于还本付息的资金,包括可用于还款的折旧和摊销,在成本中列支的利息费用,可用于还款的利润等;当期应还本付息金额,包括当期应还款本金及计入成本的利息。

偿债备付率应分年计算,偿债备付率高,表明可用于还本付息的资金保障程度高。

偿债备付率>1,并结合债权人的要求确定。

[**例 2-13**]　根据例 2-10,分别计算第 4 年的利息备付率和偿债备付率,并分析该项目的债务清偿能力。

解: 利息备付率 $= \dfrac{\text{息税前利润}}{\text{当期应付利息费用}} = \dfrac{1\,250}{262} = 4.77$

偿债备付率 $= \dfrac{\text{可用于还本付息资金}}{\text{当期应还本付息金额}} = \dfrac{530.16+262+0}{437+262} = 1.13$

注:可用于还本付息资金为当期折旧费、当期摊销费、当期利息支出和当期未分配利润之和。

由于利息备付率 = 4.77>1

偿债备付率 = 1.13>1

所以该项目第 4 年具有付息能力和偿付债务的能力。

(3)资产负债率

资产负债率是指各期末负债总额与资产总额的比率。计算式如下。

$$\text{资产负债率} = \frac{\text{期末负债总额}}{\text{期末资产总额}} \times 100\% \qquad (2\text{-}56)$$

适度的资产负债率,表明企业经营安全、稳健,具有较强的筹资能力,也表明企业和债权人的风险较小。

三、建设项目不确定性分析

财务评价所采用的数据,大部分来自估算和预测,有一定程度的不确定性。为了分析不确定性因素对项目经济评价指标的影响,需进行不确定性分析,以估计项目可能承担的风险,确定项目在经济上的可靠性。不确定性分析包括盈亏平衡分析、敏感性分析和概率分析,通常情况下,建设项目可行性研究中一般进行盈亏平衡分析和敏感性分析。

(一)盈亏平衡分析

盈亏平衡分析是通过项目盈亏平衡点(BEP)分析项目成本与收益的平衡关系的一种方法,它可用于考察项目适应市场变化的能力,从而进一步考察项目抗风险的能力。

盈亏平衡点又称保本点,是指产品销售收入等于产品总成本费用,即产品不亏不盈的临界状态。盈亏平衡点越低,表明项目适应市场变化的能力越大,抗风险能力越强。在这里只简单介绍线性盈亏平衡分析。

线性盈亏平衡分析只在下述前提条件下才能适用:

① 单价与销售量无关;

② 可变成本与产量成正比,固定成本与产量无关;

③ 产品不积压。

盈亏平衡分析就是要找出盈亏平衡点。确定线性盈亏平衡点的方法有图解法和代数法。

1. 图解法

图解法是将销售收入、固定成本、可变成本随产量(销售量)变化的关系画出盈亏平衡图,在图上找出盈亏平衡点。

盈亏平衡图是以产量(销售量)为横坐标,以销售收入和产品总成本费用(包括固定成本和可变成本)为纵坐标绘制的销售收入曲线和总成本费用曲线。两条曲线的交点即为盈亏平衡点。与盈亏平衡点对应的横坐标,即为以产量(销售量)表示的盈亏平衡点。在盈亏平衡点的右方为盈利区,在盈亏平衡点的左方为亏损区。随着销售收入或总成本费用的变化,盈亏平衡点将随之上下移动,如图 2-3 所示。

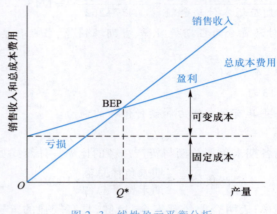

图 2-3　线性盈亏平衡分析

2. 代数法

代数法是将销售收入的函数和总成本费用的函数,用数学方法求出盈亏平衡点。计算式如下。

$$年销售收入=(单位产品售价-单位产品销售税金及附加)×年产量 \quad (2-57)$$

$$年总成本费用=年固定成本+单位可变成本×年产量 \quad (2-58)$$

因为,年销售收入=年总成本费用(单位产品售价-单位产品销售税金及附加)×年产量=年固定成本+单位可变成本×年产量

所以,以产量表示的盈亏平衡点计算式如下。

$$BEP(产量)=\frac{年固定成本}{单位产品售价-单位产品销售税金及附加-单位产品可变成本}$$

$$(2-59)$$

以单位售价表示的盈亏平衡点计算式如下。

$$BEP(单位售价)=\frac{年固定成本+单位产品可变成本×年产量}{年产量×(1-销售税金及附加税率)} \quad (2-60)$$

以生产能力利用率表示的盈亏平衡点计算式如下。

$$BEP(生产能力利用率)=\frac{BEP(产量)}{设计生产能力的产量}×100\% \quad (2-61)$$

[例 2-14]　某房地产开发公司拟开发一普通住宅,建成后,每平方米售价为 15 000 元。已知住宅项目总建筑面积为 2 000 m²,营业税金及附加税率为 5.5%,预计每平方米建筑面积的可变成本 6 000 元,假定开发期间的固定成本为 800 万元。要求:计算盈亏平衡点时的销售量和单位售价,并计算该项目预期利润。

解:

$$BEP(销售量)=\frac{固定成本}{单位售价-单位营业税金及附加-单位可变成本}$$

$$= \frac{8\ 000\ 000}{15\ 000 \times (1 - 5.5\%) - 6\ 000}$$

$$= 978.59\,(\mathrm{m}^2)$$

$$\mathrm{BEP}(单位售价) = \frac{固定成本 + 单位可变成本 \times 销售量}{销售量 \times (1 - 营业税金及附加税率)}$$

$$= \frac{8\ 000\ 000 + 6\ 000 \times 2\ 000}{2\ 000 \times (1 - 5.5\%)}$$

$$= 10\ 582.01\,(元)$$

预期利润 = 单位售价 × 销售量 × (1 - 营业税金及附加税率)

  - 固定成本 - 单位可变成本 × 销售量

$$= 15\ 000 \times 2\ 000 \times (1 - 5.5\%) - 8\ 000\ 000 - 6\ 000 \times 2\ 000$$

$$= 835\,(万元)$$

（二）敏感性分析

1. 敏感性分析的概念

敏感性分析,从广义上讲,就是研究某些影响因素的不确定性给经济效果带来的不确定性。具体地说,就是研究某一拟建项目中的各个影响因素(单价、产量、成本、投资等),在所指定的范围内变动,而引起其经济效果指标(如净现值、内部收益率、投资回收期等)的变化。敏感性就是指经济效果指标对其影响因素的敏感程度的大小。

2. 敏感性分析的作用

敏感性分析是项目经济评价中常用的一种不确定性分析,它的目的和作用如下。

① 研究影响因素的变动所引起的经济效果指标变动的范围。

② 找出影响工程项目的经济效果的关键因素。

③ 通过多方案敏感性大小的对比,选取敏感性小的方案,也就是风险小的方案。

④ 通过对可能出现的最有利与最不利的经济效果范围的分析,用寻找替代方案或原方案采取某些控制措施的方法,来确定最现实的方案。

3. 敏感性分析的步骤

① 确定反映经济效果的指标。进行敏感性分析,首先要根据项目的特点,确定具体的财务分析指标,如财务净现值、财务内部收益率、投资回收期等。

② 选择不确定性因素。在财务分析过程中,各种财务基础数据都是估算和预测得到的,因此都带有不确定性,如投资额、单价、产量等都为不确定性因素。

③ 计算各种不确定性因素对评价指标的影响。当不确定性因素变动 5%、10%、20%时,计算其评价指标,反映其变动程度,可用敏感度系数(变化率)表示。计算式如下。

$$敏感度系数 = \frac{评价指标变化率}{不确定因素变化率} \tag{2-62}$$

④ 确定敏感性因素。敏感度系数的绝对值越大,表示该因素的敏感性越大,抗风险能力越弱。对敏感性较大的因素,在实际工程中要严加控制和掌握。

4. 敏感性分析的方法

敏感性分析有两种方法,即单因素敏感性分析和多因素敏感性分析。单因素敏感性分析只考虑一个因素变动,其他因素假定不变,分析对经济效果指标的影响。多因素敏感性分析是考虑各个不确定性因素同时变动,假定各个不确定性因素发生的概率相等,分析对经济效果指标的影响。通常只进行单因素敏感性分析。敏感性分析结果用敏感性分析表(表2-23)和敏感性分析图(图2-4)表示。

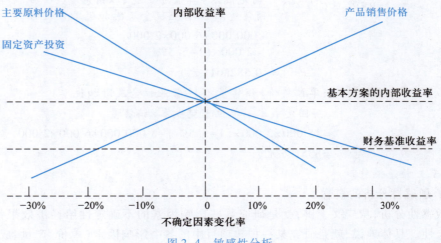

图 2-4　敏感性分析

某因素对全部投资内部收益率的影响曲线越接近纵坐标,表明该因素敏感性较大;某因素对全部投资内部收益率的影响曲线越接近横坐标,表明该因素敏感性较小。对经济效果指标的敏感性影响大的那些因素,在实际工程中要严加控制和掌握,以免影响直接的经济效果,对于敏感性较小的那些影响因素,稍加控制即可。

[例2-15]　根据例2-9的项目投资现金流量表,若该项目基准收益率为10%。以建设投资、营业收入为不确定性因素,以财务内部收益率为经济评价指标。假定营业收入变化与营业税金及附加有关,而与经营成本无关,则进行该项目的单因素敏感性分析。要求:编制单因素敏感性分析表。

解:在不考虑不确定性因素的条件下,计算该项目所得税前的财务内部收益率。

$$FNPV(FIRR) = -600(P/F,FIRR,1) + 64(P/F,FIRR,2)$$
$$+ 164(P/A,FIRR,8)(P/F,FIRR,2) + 294(P/F,FIRR,11) = 0$$

当 $i = 20\%$ 时:

$$FNPV(20\%) = -600(P/F,20\%,1) + 64(P/F,20\%,2) + 164(P/A,20\%,8)(P/F,20\%,2)$$
$$+ 294(P/F,20\%,11) = 21.02(万元)$$

当 $i = 22\%$ 时:

$$FNPV(22\%) = -600(P/F,22\%,1) + 64(P/F,22\%,2)$$
$$+ 164(P/A,22\%,8)(P/F,22\%,2) + 294(P/F,22\%,11)$$
$$= -17.02（万元）$$

$$FIRR = 20\% + \frac{21.02}{21.02 + 17.02} \times (22\% - 20\%) = 21.11\%$$

当建设投资增加5%时,计算该项目所得税前的财务内部收益率。

$$FNPV(FIRR) = -600 \times 1.05(P/F,FIRR,1) + 64(P/F,FIRR,2)$$
$$+ 164(P/A,FIRR,8)(P/F,FIRR,2)$$

$$+(200+30\times1.05+100-36)(P/F,\mathrm{FIRR},11)=0$$

采用试算法,计算得到 FIRR = 19.81% 。

当营业收入增加 5% 时,计算该项目所得税前的财务内部收益率。

$$\mathrm{FNPV}(\mathrm{FIRR})=-600(P/F,\mathrm{FIRR},1)+(200\times1.05-100-25-11\times1.05)(P/F,\mathrm{FIRR},2)$$
$$+(200\times1.05-25-11\times1.05)(P/A,\mathrm{FIRR},8)(P/F,\mathrm{FIRR},2)$$
$$+(200\times1.05+30+100-25-11\times1.05)(P/F,\mathrm{FIRR},11)=0$$

采用试算法,计算得到 FIRR = 22.73% 。

当建设投资增加 5% 时:

$$敏感度系数=\dfrac{\dfrac{19.81\%-21.11\%}{21.11\%}}{5\%}=-1.231\ 6$$

当营业收入增加 5% 时:

$$敏感度系数=\dfrac{\dfrac{22.73\%-21.11\%}{21.11\%}}{5\%}=1.534\ 8$$

单因素敏感性分析表见表 2-23。

表 2-23 单因素敏感性分析

序号	不确定因素	变化率/%	所得税前的财务内部收益率/%	敏感度系数
1	基本方案		21.11	
2	建设投资	20	16.52	−1.087 2
		10	18.63	−1.174 8
		5	19.81	−1.231 6
		−5	22.43	−1.250 6
		−10	23.91	−1.326 4
		−20	27.30	−1.466 1
3	营业收入	20	27.61	1.539 6
		10	24.37	1.544 3
		5	22.73	1.534 8
		−5	19.39	1.629 6
		−10	17.68	1.624 8
		−20	14.20	1.636 7

从表 2-23 可知,建设投资即使增加 20% ,所得税前的财务内部收益率为 16.52% ,高于 10% 的基准收益率;营业收入即使下降 20% ,所得税前的财务内部收益率为 14.20% ,高于 10% 的基准收益率,说明建设投资变化和营业收入变化,对项目的影响不太大,这两个不确定性因素对项目的敏感性不太大,但项目在实施过程中,也应时常注意建设投资和营业收入的变化,使项目获得最大的经济效益。

2.2.4 投资方案比选

在构思多方案的基础上,通过方案比选,可以为投资决策提供依据。建设项目多方案比选主要包括工艺方案比选、规模方案比选、选址方案比选,甚至包括污染防治措施方案比选等。无论哪一类方案比选,均包括技术方案比选和经济效益比选两个方面。在这里,我们详细介绍经济效益比选。

一、建设项目投资方案的比较和选择

在投资方案比较和选择过程中,按其经济关系分为互斥方案和独立方案。

互斥方案是各方案之间是相互排斥的,即在多个投资方案中只能选择其中一个方案。如有甲、乙、丙、丁四个投资方案,最终选择甲方案,则必须放弃乙、丙、丁三个方案。

独立方案是各方案之间经济上互不相关的方案,如有甲、乙、丙、丁四个投资方案。最终选择甲方案或放弃甲方案,与乙、丙、丁三个方案无关。在这里主要介绍互斥方案的比选。

微课
建设项目投资方案
的比较和选择(一)

(一)寿命期相同的多个投资方案比较和选择

1. 净现值法(NPV)

净现值法是通过计算多个投资方案的净现值并比较其大小来判断投资方案的优劣。净现值是按行业基准收益率或设定的收益率,将各年的净现金流量折现到建设起点的现值之和。净现值越大,方案越优。

[例2-16] 某公司有三个可行而相互排斥的投资方案,三个投资方案的寿命期均为5年,基准收益率为7%。三个投资方案的现金流量如表2-24所示。要求:用净现值法选择最优方案。

表2-24　三个投资方案的现金流量表　　　　　　　　单位:万元

方案	初始投资	年收益
A	700	194
B	500	132
C	850	230

解:$NPV(7\%)_A = -700 + 194(P/A, 7\%, 5) = 95.40$(万元)

$\quad NPV(7\%)_B = -500 + 132(P/A, 7\%, 5) = 41.20$(万元)

$\quad NPV(7\%)_C = -850 + 230(P/A, 7\%, 5) = 93.00$(万元)

根据上述计算结果可知,A方案净现值最大,故A方案为最优方案。

2. 净年值法(NAV)

净年值法是通过计算多个投资方案的净年值并比较其大小而判断投资方案的优劣。将所有的净现金流量通过基准收益率或设定的收益率折现到每年年末的等额资金,这种方法称为净年值法。净年值越大,方案越优。

[例2-17] 根据例2-16,用净年值法选择最优方案。

解:$NAV(7\%)_A = -700(A/P, 7\%, 5) + 194 = 23.27$(万元)

$\quad NAV(7\%)_B = -500(A/P, 7\%, 5) + 132 = 10.05$(万元)

$\quad NAV(7\%)_C = -850(A/P, 7\%, 5) + 230 = 22.86$(万元)

根据上述计算结果可知,A方案净年值最大,故A方案为最优方案。

3. 差额内部收益率法(ΔIRR)

差额内部收益率法是多个投资方案两两比较,用差额内部收益率的大小来判断投

资方案的优劣。差额投资是指投资额大的方案的净现金流量减去投资额小的方案的净现金流量。差额内部收益率是指差额投资净现金流量的内部收益率。

如果 A 方案的投资额大于 B 方案的投资额,则 $\Delta NPV_{A-B} = 0$, $\Delta IRR_{A-B} \geq i_c$ 时,A 方案优于 B 方案,即投资额大的方案优于投资额小的方案。计算流程如下。

① 验证各投资方案可行性。

② 投资额略大的方案与投资额最小的方案相比,求出 $\Delta IRR_{A-B} \geq i_c$ 时,投资额大的方案为优。

③ 两两相比,确定最优方案。

[例 2-18] 根据例 2-16,用差额内部收益率法选择最优方案。

解: $\Delta NPV_{B-0} = -500 + 132(P/A, \Delta IRR, 5) = 0$

$\quad \Delta IRR_{B-0} = 10.03\% > i_c(7\%)$

因此 B 方案为临时性最优方案。

$\Delta NPV_{A-B} = -(700-500) + (194-132)(P/A, \Delta IRR, 5) = 0$

$\Delta IRR_{A-B} = 16.75\% > i_c(7\%)$

因此 A 方案为临时性最优方案。

$\Delta NPV_{C-A} = -(850-700) + (230-194)(P/A, \Delta IRR, 5) = 0$

$\Delta IRR_{C-A} = 6.42\% < i_c(7\%)$

因此 A 方案为最优方案。

4. 最小费用法

当各个投资方案的效益相同或基本相同时,方案比较过程可以只考虑费用,用费用现值法或费用年值法进行投资方案的比选。

(1)费用现值法(PC)

费用现值法是通过计算多个投资方案的费用现值并比较其大小而判断投资方案的优劣。费用现值是按行业基准收益率或设定的收益率,将各年的费用折现到建设起点(建设起初)的现值之和。费用现值最小,方案最优。

(2)费用年值法(AC)

费用年值法是通过计算多个投资方案的费用年值并比较其大小而判断投资方案的优劣。费用年值是将所有的费用通过基准收益率或设定的收益率折现到每年年末的等额资金。费用年值最小,方案最优。

[例 2-19] 某建设项目有两个投资方案,其生产能力和产品品种质量相同,有关基本数据如表 2-25 所示。假定基准收益率为 8%。要求:用费用现值法和费用年值法分别选择投资方案。

表 2-25 两个投资方案有关基本数据

项目	方案 1	方案 2
初始投资/万元	7 000	8 000
生产期/年	10	10
残值/万元	350	400
年经营成本/万元	3 000	2 000

解:① 计算费用现值,比较选择方案

$$PC(8\%)_1 = 7\,000+3\,000(P/A,8\%,10)-350(P/F,8\%,10)$$
$$= 26\,967.95(万元)$$
$$PC(8\%)_2 = 8\,000+2\,000(P/A,8\%,10)-400(P/F,8\%,10)$$
$$= 21\,234.8(万元)$$

根据上述计算结果可知,方案2费用现值小,故选择方案2。

② 计算费用年值,比较选择方案

$$AC(8\%)_1 = 7\,000(A/P,8\%,10)+3\,000-350(A/F,8\%,10)$$
$$= 4\,018.85(万元)$$
$$AC(8\%)_2 = 8\,000(A/P,8\%,10)+2\,000-400(A/F,8\%,10)$$
$$= 3\,164.4(万元)$$

根据上述计算结果可知,方案2费用年值小,故选择方案2。

(二)寿命期不同的多个投资方案比较和选择

1. 年值法

微课
建设项目投资方案
的比较和选择(二)

年值法是寿命期不同的多个投资方案选优时用到的一种最常用、最简明的方法,它是假定各个寿命期不同的投资方案能无限期重复,那么分析周期则无限长,每个周期被看成寿命期相同,则按净年值或费用年值进行选择。

[例2-20]　某公司拟建面积为 $1\,500\sim2\,500\text{m}^2$ 的宿舍楼,拟用砖混结构和钢筋混凝土结构两种形式,其费用如表2-26所示。假设基准收益率为8%,建设期不考虑持续时间。要求:试确定各方案的经济范围。

表2-26　两种结构形式费用

方案	造价/(元/m²)	寿命期/年	年维修费/元	残值
钢筋混凝土结构	2 000	50	20 000	0
砖混结构	1 800	40	60 000	造价×5%

解:设宿舍楼的费用年值是面积 x 的函数

$$AC(8\%)_{钢混} = 2\,000x(A/P,8\%,50)+20\,000 = 163.49x+20\,000$$
$$AC(8\%)_{砖混} = 1\,800x(A/P,8\%,40)+60\,000-1\,800x(A/F,8\%,40)$$
$$= 143.99x+60\,000$$
$$AC(8\%)_{钢混} = AC(8\%)_{砖混}$$
$$163.49x+20\,000 = 143.99x+60\,000$$

解得 $x = 2\,051.28\text{m}^2$。

根据费用年值最小,方案最优的原则,可知:

当 $1\,500\text{m}^2 \leqslant x \leqslant 2\,051.28\text{m}^2$ 时,选择钢筋混凝土结构。

当 $2\,051.28\text{m}^2 \leqslant x \leqslant 2\,500\text{m}^2$ 时,选择砖混结构。

2. 最小公倍数法

最小公倍数法是取各投资方案的最小公倍数,作为各个投资方案的共同寿命期,各投资方案在共同的寿命期内反复实施,然后采用寿命期相同的投资方案比选的常用方法进行选择。例如例题2-20中,两种结构的方案最小公倍数为200,所以这两种结构的方案共同的寿命期为 200 年,钢筋混凝土结构方案在 200 年寿命期中反复实施 4 次,混合结构方案在 200 年寿命期中反复实施 5 次,这两种结构的方案在共同的寿命期内进行方案选择。

3. 研究期法

研究期法是取各投资方案的最短寿命期作为共同寿命期,然后采用寿命期相同的投资方案选优的常用方法进行选择。例如例题 2-20 中,这两种结构的方案最短的寿命期为 40 年,则两种结构方案的共同寿命期为 40 年,在 40 年的共同寿命期内进行方案的选择。

(三) 运用概率分析方法进行互斥方案的比较和选择

概率是指随机时间发生的可能性,投资活动可能产生的种种收益可以看作是一个个随机事件,其出现或发生的可能性,可以用相应的概率描述。概率分析是利用概率来研究和预测不确定因素对投资方案经济性影响的一种定量分析方法。这里介绍概率分析的两种方法,即期望值法和决策树法进行互斥方案的比较和选择。

1. 期望值法

假如在一个盒子里有 70 个白球,30 个黑球,让你任意取一个球,猜猜看是白球还是黑球。那你肯定猜白球,因为白球的概率为 70%,黑球的概率为 30%。

如果上述两种白球和黑球,还有如下得分情况:猜白球,猜对的得 400 分,猜错损失 200 分;如果猜黑球,猜对得 1 000 分,猜错损失 200 分。在这种情况下,应猜白球还是猜黑球。

猜白球:$400×0.7+(-200)×0.3=220$(分)

猜黑球:$1\ 000×0.3+(-200)×0.7=160$(分)

因为猜白球的得分大于猜黑球的得分,所以作出猜白球的决定。

这种计算方法称为期望值法,期望值是反映随机变量取值的平均数。计算式如下。

$$E(x) = \sum_{i=1}^{n} X_i P_i \tag{2-63}$$

$$\sum_{i=1}^{n} P_i = 1$$

式中:$E(x)$——期望值;

　　　X_i——第 i 种随机变量的取值;

　　　P_i——第 i 种变量值所对应的概率。

采用期望值法对互斥方案进行选择时,期望收益越大,方案越好;反之,期望收益越小,方案越差。

[例 2-21]　某房地产开发公司有 A、B 两种类型的房地产开发方案,其净收益和各种净收益出现的概率如表 2-27 所示。要求:比较哪一个方案较好。

解:$E(x)_A = \sum_{i=1}^{n} X_i P_i = 1\ 800×0.2+1\ 200×0.5+400×0.3 = 1\ 080$(万元)

$E(x)_B = \sum_{i=1}^{n} X_i P_i = 3\ 000×0.2+2\ 000×0.4-600×0.4 = 1\ 160$(万元)

由于 $E(x)_B > E(x)_A$，所以选择方案 B。

表 2-27　A、B 两种房地产开发方案

销售状况	概率		净收益/万元	
	A 方案	B 方案	A 方案	B 方案
良好	0.2	0.2	1 800	3 000
一般	0.5	0.4	1 200	2 000
较差	0.3	0.4	400	−600

2. 决策树法

决策树一般由决策点、机会点、方案枝、概率枝等组成。为了便于计算，对决策树中的决策点用"□"表示，机会点用"○"表示，并且进行编号，编号的顺序是从左到右、从上到下，具体画法如图 2-5 所示。

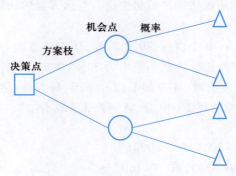

图 2-5　决策树结构

通过绘制决策树，可以计算出各段终点的期望值，再根据各点的期望值来取舍方案。期望收益越大，方案越好；反之，期望收益越小，方案越差。

[例 2-22]　为生产某种产品，设计两个基建方案：一是建大厂；二是建小厂。大厂需要投资 3 000 万元，小厂需要投资 800 万元，基准收益率为 8%。两方案的概率和年度损益值如表 2-28 所示。

表 2-28　两方案的概率和年度损益值

方案状态	概率	建大厂/万元	建小厂/万元
销路好	0.7	1 000	400
销路差	0.3	20	100

如果不考虑建设期，使用期分前 3 年和后 7 年两期考虑，根据市场预测，前 3 年销路好的概率为 0.7。而如果前 3 年的销路好，则后 7 年销路好的概率为 0.9；如前 3 年销路差，则后 7 年的销路肯定差。要求：试用决策树方法进行决策。

解：画出决策树图，如图 2-6 所示。

点③：$E(3) = 1\ 000 \times 0.9 + 20 \times 0.1 = 902$（万元）

点④：$E(4) = 400 \times 0.9 + 100 \times 0.1 = 370$（万元）

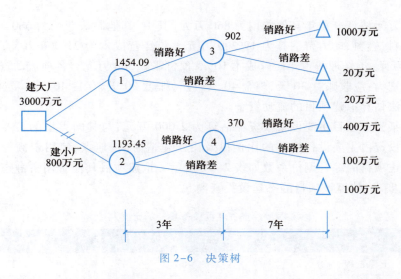

图 2-6　决策树

点①：$E(\mathrm{NPV})_1 = -3\,000 + 1\,000 \times 0.7(P/A,8\%,3) + 902 \times 0.7(P/A,8\%,7)(P/F,8\%,3) + 20 \times 0.3(P/A,8\%,10) = 1454.09(万元)$

点②：$E(\mathrm{NPV})_2 = -800 + 400 \times 0.7(P/A,8\%,3) + 370 \times 0.7(P/A,8\%,7)(P/F,8\%,3) + 100 \times 0.3(P/A,8\%,10) = 1193.45(万元)$

因为点①的期望净现值大于点②的期望净现值，所以选择建大厂。

 复习题

1. 思考题

（1）建设项目决策与工程造价有哪些关系？

（2）决策阶段影响工程造价的因素有哪些？

（3）什么是建设项目可行性研究？

（4）可行性研究报告包括哪些内容？

（5）静态投资的估算方法有哪几种？分别举例说明。

（6）什么是铺底流动资金？

（7）什么是建设项目财务评价？

（8）财务评价包括哪些内容？

（9）财务评价中使用了哪些报表？

（10）全部投资财务现金流量表与自有资金财务现金流量表有何区别？

（11）财务评价静态指标有哪些？

（12）财务评价动态指标有哪些？

2. 案例题

（1）已知生产流程相似，年生产能力为 15 万吨的化工装置，3 年前建成的设备装置投资额为 3 750 万元。拟建装置年设计生产能力为 20 万吨，两年建成。投资生产能力指数为 0.72，近几年设备与物资的价格上涨率平均为 3%。要求：用生产能力指数法估算拟建年生产能力 20 万吨装置的投资费用。

（2）某拟建项目达到设计生产能力后，全厂定员为 1 100 人，工资和福利费按照每人每年 3 万元估算。每年其他费用为 860 万元(其中:其他制造费用为 660 万元)。年外购原材料、燃料、动力费估算为 19 200 万元。年经营成本为 21 000 万元,年营业费用 3 700 万元,年修理费占年经营成本 10%,预付账款 560 万元。各项流动资金最低周转天数分别为:应收账款 30 天,现金 40 天,应付账款 30 天,存货 40 天。要求:用分项详细估算法估算拟建项目的流动资金。

(3)某工业项目主要设备投资额估算为 2 000 万元,与其同类型的工业企业其他附属项目投资占主要设备投资的比例以及由于建造时间、地点、使用定额等方面的因素引起拟建项目的综合调价系数如表 2-29 所示。拟建项目其他费用占静态建设投资的 20%。要求:估算该项目静态建设投资额。

表 2-29　附属项目投资占主要设备投资的比例及综合调价系数

工程名称	占设备投资比例/%	综合调价系数
土建工程	40	1.2
设备安装工程	15	1.2
管道工程	10	1.1
给排水工程	10	1.1
暖通工程	8	1.1
电气工程	10	1.1
自动化仪表	7	1

(4)某拟建工业项目年生产能力为 300 万吨,与其同类型的已建项目年生产能力为 200 万吨,已建项目设备投资额 2 475 万元,经测算设备的综合调价系数为 1.2,生产能力指数为 1,已建项目中建筑工程、安装工程及其他工程费占设备投资的百分比分别为 60%、30%、10%,相应的综合调价系数分别为 1.2、1.1、1.05。工程建设其他费用占投资额(含工程费和工程建设其他费)的 20%。同类型的已建项目流动资金占建设投资额的 10%。

该项目建设期 2 年,第 1 年完成项目全部投资的 40%,第 2 年完成项目全部投资的 60%,第 3 年投产,第 4 年达到设计生产能力。该项目建设资金来源为自有资金4 000 万元,先使用自有资金,然后再向银行贷款,贷款年利率 6%。建设期间基本预备费率为 10%,年物价上涨率为 4%,项目建设前期年限为 1 年。

要求:① 计算该工业项目静态建设投资额。

② 计算该工业项目建设投资额。

③ 计算该工业项目建设期贷款利息。

④ 计算该工业项目总投资。

(5)某工业项目计算期为 15 年,建设期为 3 年,第 4 年投产。建设投资(不含建设期利息和投资方向调节税)10 000 万元,其中自有资金投资为 5 000 万元。各年不足部分向银行借款。银行贷款条件是年利率为 6%,建设期间只计息不还款,第 4 年投产后开始还贷。建设投资计划如表 2-30 所示。

表 2-30 建设投资计划 单位:万元

项目	1	2	3	合计
建设投资	3 000	4 500	2 500	10 000
其中:自有资金	2 000	1 500	1 500	5 000
借款需要量	1 000	3 000	1 000	5 000

要求:① 按每年付清利息并分 10 年等额还本利息照付的方式,编制建设投资借款还本付息计划表。

② 按分 10 年等额还本付息的方式,编制建设投资借款还本付息计划表。

(6)某拟建项目建设期 1 年,运营期 10 年,建设投资 2 000 万元,全部形成固定资产,运营期末残值 100 万元,按直线法折旧。项目第 2 年投产并达到生产能力,投入流动资金 160 万元。运营期内年营业收入 1 200 万元,经营成本 600 万元,营业税金及附加税率 6%。该项目基准收益率 8%,基准投资回收期 7 年,所得税税率 25%。

要求:① 编制项目投资现金流量表。

② 计算所得税后财务净现值和静态投资回收期。

③ 根据上述计算结果,判断该项目的可行性。

(7)若 C 大厦的立体车库由某单位建造并由其经营。立体车库建设期 1 年,第 2 年开始经营。建设投资 1 000 万元,全部形成固定资产,其中该单位自筹资金一半,另一半有银行借款解决,贷款年利率 6%,与银行商定建设投资借款按每年付清利息并分 5 年等额偿还全部借款本金。流动资金投资 100 万元,第 2 年年末一次性投入,全部为自有资金。预计经营期间每年收入 350 万元,营业税金及附加税率 6%,每年经营成本 50 万元。固定资产折旧年限为 10 年,残值率 5%,按直线法折旧。已知所得税税率 25%,计算期 11 年,净利润分配包括法定盈余公积金、未分配利润,不计提应付利润。

要求:① 编制借款还本付息计划表。

② 编制利润与利润分配表。

③ 计算总投资收益率和资本金净利润率。

④ 计算经营期第三年的利息备付率和偿债备付率。

(8)某生产性建设项目的年设计生产能力为 5 000 件,每件产品的销售价格为 1 500 元(不含税),单位产品的变动成本为 900 元,年固定成本为 120 万元。要求:试求该项目建成后的年最大利润、盈亏平衡点的产量和生产能力利用率。

(9)某人在二级市场购买了一套一室户的住宅(带装修),总价为 30 万元,用于出租。最基本的税前分析估计如下:① 初始投资 30 万元;② 出租年收入 1.7 万元(已扣除各种税金);③ 年管理费及维修费 800 元;④ 投资年限 8 年;⑤ 8 年后预计转卖价值 35 万元;⑥ 资本年利率 6%。

要求:试就出租年收入和转卖价值发生变动,对该项目的财务净现值进行单因素敏感性分析。

(10)某工业项目计算期为 10 年,建设期 2 年,第 3 年投产,第 4 年开始达到设计生产能力。建设投资 2 800 万元(不含建设期贷款利息),第 1 年投入 1 000 万元,第 2 年投入 1 800 万元。投资方自有资金 2 500 万元,根据筹资情况建设期分两年各投入 1 000 万元,余下的 500 万元在投产年初作为流动资金投入。建设投资不足部分向银行贷款,贷款年利率为6%,从第3年起,以年初的本息和为基准开始还贷,每年付清利息,并分5年等额还本。该项目固定资产投资总额中,预计85%形成固定资产,15%形成无形资产。固定资产综合折旧年限为10年,采用直线法折旧,固定资产残值率为5%,无形资产按5年平均摊销。该项目计算期第3年的经营成本为1 500万元、第4年至第10年的经营成本为1 800万元。设计生产能力为50万件,销售价格(不含税)54元/件。产品固定成本占年总成本的40%。

要求:① 计算固定资产年折旧额、无形资产摊销费、期末固定资产余值。

② 编制借款还本付息计划表。

③ 计算计算期第3年、第4年、第8年的总成本费用。

④ 以计算期第4年的数据为依据,计算年产量盈亏平衡点,并据此进行盈亏平衡分析。

(11)某公司欲开发某种新产品,为此需增加新的生产线,现有A、B、C三个方案,各方案的初始投资和年净收益如表2-31所示。各投资方案的寿命期均为10年,10年后的残值分别为初始投资的5%。要求:基准收益率为8%时,选择哪个方案最有利?

表2-31   投资方案的现金流量表   单位:万元

方案	初始投资	年净收益
A	3 000	800
B	4 000	1 050
C	5 000	1 250

要求:① 用净现值比较。

② 用净年值比较。

(12)某建筑公司正在研究最近承建的购物中心大楼的施工工地是否要预设工地雨水排水系统问题。根据有关部门提供资料,本工程施工期为3年,若不预设排水系统,估计在3年施工期内每季度将损失4 000元。若预设排水系统,需初始投资50 000元,施工期末可回收排水系统20 000元,假如基准收益利率为8%,每季度计息1次。要求:用费用现值法和费用年值法分别选择方案?

(13)某项目工程,施工管理人员要决定下个月是否开工。假如开工后遇天气不下雨,则可以按期完工,获得利润5万元;如遇天气下雨,则要造成1万元的损失。假定不开工,不论下雨还是不下雨,都要付出窝工损失费1 000元。根据气象预测,下月天气不下雨的概率为0.2,下雨的概率为0.8。要求:利用期望值的大小,为施工管理人员作出决策。

(14)为满足经济开发区的基本建设需要,在该地区建一座混凝土搅拌站,向建筑公司出售商品混凝土。现有两个建厂方案:一是投资4 000万元建大厂;二是投资1 500万元建小厂,使用期限为10年。基准收益率为10%。自然状况发生的概率和每年损益值如表2-32所示。要求:试确定建厂方案。

表2-32   自然状况发生的概率和每年损益值

自然状态	概率	建大厂/万元	建小厂/万元
需求量较高	0.7	1 800	800
需求流量较低	0.3	200	400

项目 3

设计阶段造价控制

学习重点

1. 设计概算的编制内容。
2. 设计概算的编制方法。
3. 施工图预算的编制方法。
4. 概预算文件审查。
5. 设计方法的评价与优化。

相关政策法规

《建设项目全过程造价咨询规程》(CECA/GC 4—2017)。
《建设工程造价咨询规范》(GB/T 51095—2015)。
《建设项目设计概算编审规程》(CECA/GC 2—2015)。
《建设项目施工图预算编审规程》(CECA/GC 5—2010)。

任务 3.1   确定工程造价

3.1.1   建设项目设计的含义

建设项目设计是在工程开始施工之前,设计者根据已批准的设计任务书,为具体实现拟建项目的技术、经济要求,拟定建筑、安装及设备制造所需的规划、图纸、数据等技术文件的工作。设计文件是建筑安装施工的依据。拟建工程在建设过程中能否保证进度、保证质量和节约投资,在很大程度上取决于设计质量的优劣。工程建成后,能否获得满意的经济效果,除项目决策以外,工程设计工作起着决定性作用。设计工作的重要原则之一是保证设计的整体性,因此工程设计工作必须按一定的程序分阶段进行。

微课
建设项目设计阶段
的划分
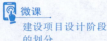

微课
建设项目设计阶段
的内容及深度
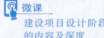

3.1.2　建设项目设计阶段的划分

为保证工程建设和设计工作有机地配合和衔接,将工程设计划分为几个阶段,一般工业与民用建设项目设计按初步设计和施工图设计两个阶段进行,称为"两阶段设计";对于技术上复杂而又缺乏设计经验的项目,可按初步设计、技术设计、施工图设计三个阶段进行,称为"三阶段设计"。小型建设项目中技术简单的,在简化的初步设计确定后,就可做施工图设计。

① 初步设计。初步设计是设计的第一个阶段,设计单位根据批准的可行性研究报告或设计承包合同和基础资料进行初步设计和编制初步设计文件。

② 技术设计。对技术复杂而又无设计经验或特殊的建设工程,设计单位应根据初步设计文件进行技术设计和编制技术设计文件(含修正总概算)。

③ 施工图设计。设计单位根据批准的初步设计文件(或技术设计文件)和主要设备订货情况进行施工图设计,并编制施工图设计文件(含施工图预算)。

3.1.3　设计阶段与工程造价的关系

① 在设计阶段进行工程造价的计价分析可以使造价构成更合理,提高资金利用效率。

设计阶段工程造价的计价形式是编制设计概预算,通过设计概预算了解工程造价的构成,分析资金分配的合理性,并可以利用价值工程理论分析项目各个组成部分功能与成本的匹配程度,调整项目功能与成本使其更趋于合理。

② 在设计阶段进行工程造价的计价分析可以提高投资控制效率。

编制设计概算并进行分析,可以了解工程各组成部分的投资比例,投资比例较大的部分可以作为投资控制的重点,提高投资控制效率。

③ 在设计阶段控制工程造价会使控制工作更主动。

长期以来,人们把控制理解为目标值与实际值的比较,以及当实际值偏离目标值时分析产生差异的原因,确定下一步对策。这对于批量生产的制造业而言,是一种有效的管理方法。但是对于建筑业而言,由于建筑产品具有单件性的特点,这种管理方法只能发现差异,不能消除差异,也不能预防差异的发生,而且差异一旦发生,损失往往很大,因此是一种被动的控制方法。而如果在设计阶段控制工程造价,可以先按一定的标准,制订造价计划,然后当详细设计制订出来以后,对工程的每一部分或分项的估算造价,对照造价计划中所列的指标进行审核,预先发现差异,主动采取一些控制方法消除差异,使设计更经济。

④ 在设计阶段控制工程造价便于技术与经济相结合。

我国的工程设计工作在设计过程中往往更关注工程的使用功能,而对经济因素考虑较少。若从设计一开始就吸收造价工程师参与全过程设计,在作出重要决定时,就能充分认识其经济后果。另外投资限额一旦确定以后,设计只能在确定的限额内进行,从而确保设计方案能较好地体现技术与经济相结合。

⑤ 在设计阶段控制工程造价效果最显著。

如图 3-1 所示,初步设计阶段对投资的影响约为 20%,技术设计阶段对投资的影响约为 40%,施工图设计准备阶段对投资的影响约为 25%,整个设计阶段对投资的影响约为 75%~95%。显然,控制工程造价的关键是在设计阶段。在设计一开始就将控制投资的思想植根于设计人员的头脑中,以保证选择恰当的设计标准和合理的功能水平。投资方也可以展开方案的竞选、设计的招投标,以充分挖掘经济合理、项目利益最大化的设计方案。

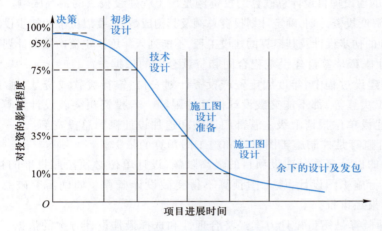

图 3-1　建设过程各阶段对投资的影响

另一方面,设计应当满足项目的总体要求。因此,设计人员应当尽早与项目业主进行沟通,最好是在方案阶段、在施工图设计准备阶段。充分了解使用人的要求,以减少日后的工程变更量。

3.1.4　设计概算编制

《建设项目设计概算编审规程》(CECA/GC 2—2015)中指出"在报批设计文件时,必须同时报批设计概算文件。在项目设计阶段必须编制概算……""设计概算编制工作由项目设计单位负责,概算文件可由有资格的设计、工程(造价)咨询公司编制,并对其编制质量负责,编制人员应具有国家、省、市或行业认定的相应资格。当一个建设项目有几个设计单位承担设计时,总体设计单位应负责设计概算文件编制的统一管理工作,规定(统一)设计概算文件的编制原则、编制依据、取费标准以及其他注意事项等,并汇编总概算;其他设计单位应编制各自承担设计部分的概算文件,并按总体设计单位的要求提供有关资料。"

一、设计概算的概念

设计概算是设计阶段对工程项目投资额度的概略计算,设计概算投资应包括建设项目从立项、可行性研究、设计、施工、试运行到竣工验收等的全部建设资金。即概算总投资与投资估算的总投资内容应一致。

微课
设计概算的概念及
其编制内容

设计概算是设计文件的重要组成部分,由设计单位根据初步设计或扩大初步设计的图纸和说明,根据国家或地区颁发的概算指标、概算定额或综合指标预算定额、设备材料预算价格等资料,按照设计要求,概略地计算建筑物、构筑物造价的经济文件。

设计概算投资一般应控制在立项批准的投资控制额以内;如果设计概算值超过控制额,必须修改设计或重新立项审批;设计概算批准后不得任意修改和调整;如需修改或调整时,须经原批准部门重新审批。

二、设计概算的作用

① 设计概算是编制投资计划、确定和控制投资的依据。

经批准的建设项目设计总概算的投资额是该工程建设投资的最高限额。国家规定编制年度固定资产投资计划,确定计划投资总额及其构成数额,要以批准的初步设计概算为依据,没有批准的初步设计及其概算的建设工程,不能列入年度固定资产投资计划。

② 设计概算是签订建设工程合同和贷款合同的依据。

在工程建设过程中,年度固定资产投资计划安排、银行拨款或贷款、施工图设计及其预算、竣工决算等,都不能突破设计概算的限额。若投资额突破设计概算,必须查明原因后,由建设单位报请上级主管部门调整和追加设计概算总投资额。

③ 设计概算是控制施工图设计和施工图预算的依据。

经批准的设计概算是建设项目的最高限额,设计单位必须按照批准的初步设计及其总概算进行施工图设计,施工图预算不得突破设计概算。如确需突破总概算时,应按规定程序报经审批。

④ 设计概算是衡量设计方案经济合理性和选择最佳设计方案的依据。

设计概算是设计方案技术经济合理性的综合反映,据此可以用来对不同的设计方案进行技术经济合理性的比较,以便选择最佳的设计方案。

⑤ 设计概算是考核建设项目投资效果的依据。

通过设计概算与竣工决算对比,可以分析和考核投资效果的好坏,同时还可以验证设计概算的准确性,有利于加强设计概算管理和建设项目的造价管理。

三、设计概算的编制内容

设计概算可分为单位工程概算、单项工程综合概算和建设项目总概算三级。各级概算之间相互关系如图 3-2 所示。

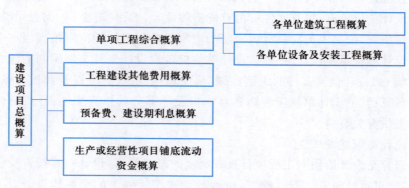

图 3-2　设计概算的三级概算关系

1. 单位工程概算

单位工程概算是确定各单位工程建设费用的文件，是编制单项工程综合概算的依据，是单项工程综合概算的组成部分。

单位工程概算按其工程性质分为建筑工程概算和设备及安装工程概算两类。建筑工程概算包括土建工程概算，给排水、采暖工程概算，通风、空调工程概算，电气、照明工程概算，弱电工程概算，特殊构筑物工程概算等；设备及安装工程概算包括机械设备及安装工程概算，电气设备及安装工程概算、热力设备及安装工程概算以及工器具购置费概算等。

2. 单项工程综合概算

单项工程综合概算是确定一个单项工程所需建设费用的文件，是由单项工程中的各单位工程概算汇总编制而成的，是建设项目总概算的组成部分。单项工程综合概算的组成如图 3-3 所示。

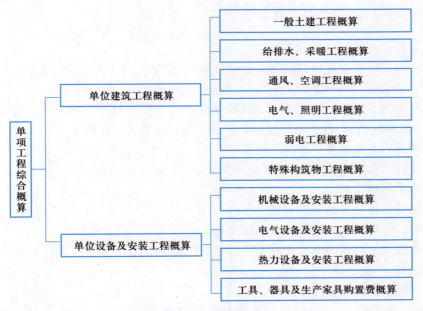

图 3-3　单项工程综合概算的组成

3. 建设项目总概算

建设项目总概算是确定整个建设项目从筹建到竣工验收所需全部费用的文件，是由各单项工程综合概算（工程费用概算）、工程建设其他费用概算、预备费概算、建设期贷款利息概算和生产或经营性项目铺底流动资金概算汇总编制而成的。建设项目总概算的组成如图 3-4 所示。

四、设计概算的编制依据

① 国家、行业和地方政府有关建设和造价管理的法律、法规、规定。

② 批准的建设项目设计任务书（或批准的可行性研究文件）和主管部门的有关规定。

③ 初步设计项目一览表。

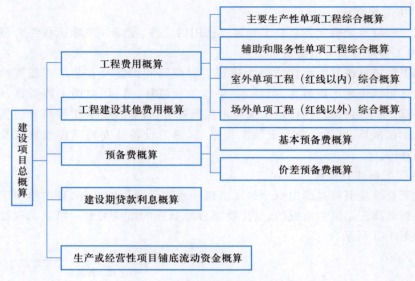

图 3-4　建设项目总概算的组成

④ 能满足编制设计概算的各专业设计图纸、文字说明和主要设备表。

⑤ 正常的施工组织设计。

⑥ 当地和主管部门现行建筑工程和专业安装工程的概算定额、单位估价表、材料及构配件预算价格、工程费用定额和有关费用规定的文件等资料。

⑦ 现行的有关设备原价及运杂费率。

⑧ 现行的有关其他费用定额、指标和价格。

⑨ 资金筹措方式。

⑩ 建设场地的自然条件和施工条件。

⑪ 类似工程的概预算及技术经济指标。

⑫ 建设单位提供的有关工程造价的其他资料。

⑬ 有关合同、协议等其他资料。

五、设计概算的编制方法

微课
设计概算的编制方法（一）

由图 3-4 可知,在建设项目总概算构成中,工程建设其他费用概算、预备费概算和建设期贷款利息概算可以参考项目 1 任务 1.3 的相应内容,流动资金概算可以参考项目 2 的相应内容。下面详述工程费用概算的编制。工程费用概算是由单位工程概算、单项工程综合概算逐级汇总而得的。

（一）单位工程概算编制

单位工程概算由人工费、材料费、施工机具使用费、企业管理费、利润、规费和税金组成,分为建筑工程概算和设备及安装工程概算两大类。

微课
设计概算的编制方法（二）

1. 建筑工程概算

建筑工程概算的编制方法有概算定额法、概算指标法、类似工程预算法等。

（1）概算定额法

概算定额法,又称扩大单价法或扩大结构定额法,是采用概算定额编制建筑工程概算的方法。根据初步设计图纸资料和概算定额的项目划分计算出工程量,然后套用概算定额单价(基价),计算汇总后,再计取有关费用,便可得出单位工程概算造价。

　　概算定额法要求初步设计达到一定深度,建筑结构比较明确,能按照初步设计的平面、立面、剖面图计算出楼地面、屋面、门窗、墙体等分部工程项目的工程量的时候才可采用。在《建设工程造价咨询规范》(GB/T 51095—2015)中指出,单位工程概算的扩大分项工程单价采用全费用综合单价,综合单价中包括定额直接费,还包括企业管理费、利润以及规费和税金。

　　概算定额法编制设计概算的步骤如下。

　　① 列出单位工程中分项工程或扩大分项工程的项目名称,并计算工程量。

　　② 确定各分部分项工程项目以及技术性措施费的综合单价。

　　③ 计算分部分项工程费及技术措施费。

　　④ 按照有关固定标准计算组织措施费。

　　⑤ 合计得到单位工程概算造价。

　　[例 3-1]　某市拟建一座 7 560 m² 教学楼,请按给出的土建工程量和扩大单价(表 3-1)编制出该教学楼土建工程设计概算造价和平方米造价。已知:按有关规定标准计算得到规费为 38 000 元,各项费率分别为企业管理费率 5%,综合税率 3.48%(以分部分项工程费为计算基础)。

表 3-1　某教学楼土建工程量和扩大单价

分部工程名称	单位	工程量	扩大单价/元
基础工程	10 m³	160	2 500
混凝土及钢筋混凝土	10 m³	150	6 800
砌筑工程	10 m³	280	3 300
地面工程	100 m²	40	1 100
楼面工程	100 m²	90	1 800
卷材屋面	100 m²	40	4 500
门窗工程	100 m²	35	5 600

　　解:根据已知条件和表 3-1 数据及扩大单价,求得该教学楼土建工程概算造价,见表 3-2。

表 3-2　某教学楼土建工程概算造价计算表

序号	分部工程或费用名称	单位	工程量	单价/元	合价/元
1	基础工程	10 m³	160	2 500	400 000
2	混凝土及钢筋混凝土	10 m³	150	6 800	1 020 000
3	砌筑工程	10 m³	280	3 300	924 000
4	地面工程	100 m²	40	1 100	44 000
5	楼面工程	100 m²	90	1 800	162 000
6	卷材屋面	100 m²	40	4 500	180 000
7	门窗工程	100 m²	35	5600	196 000

序号	分部工程或费用名称	单位	工程量	单价/元	合价/元
A	分部分项工程费小计		以上 7 项之和		2 926 000
B	企业管理费		A×5%		146 300
C	规费		38 000 元		38 000
D	税金		（A+B+C）×3.48%		108 238.44
	概算造价		A+B+C+D		3 218 538.44
	平方米造价		3 218 538.44÷756 0		425.73

（2）概算指标法

概算指标法是用拟建的厂房、住宅的建筑面积（或体积）乘以技术条件相同或基本相同的概算指标，编制出单位工程概算的方法。

概算指标法的使用范围是设计深度不够，不能准确地计算工程量，但工程设计技术比较成熟而又有类似工程概算指标可以利用。

由于拟建工程（设计对象）往往与类似工程的概算指标的技术条件不尽相同，而且概算指标编制年份的设备、材料、人工等价格与拟建工程当时、当地的价格也不会一样。因此，必须对其进行调整。其调整内容如下。

① 拟建工程与类似工程的时间与地点造成的价差调整，计算式如下。

$$D = AK \tag{3-1}$$

$$K = a\% K_1 + b\% K_2 + c\% K_3 + d\% K_4 + e\% K_5 + f\% K_6 \tag{3-2}$$

式中：　　　　　　　D——拟建工程时间、地点的概算指标；

　　　　　　　　　　A——类似工程概算指标；

　　　　　　　　　　K——综合调整系数；

$a\%$、$b\%$、$c\%$、$d\%$、$e\%$、$f\%$——类似工程预算的人工费、材料费、机械台班费、其他直接费、现场经费、间接费占预算造价的比重。例如，$a\%$＝类似工程人工费（或工资标准）/类似工程预算造价×100%；$b\%$、$c\%$、$d\%$、$e\%$、$f\%$类同；

K_1、K_2、K_3、K_4、K_5、K_6——拟建工程地区与类似工程预算造价在人工费、材料费、机械台班费、其他直接费、现场经费和间接费之间的差异系数。例如，K_1＝拟建工程概算的人工费（或工资标准）/类似工程预算人工费（或地区工资标准）；K_2、K_3、K_4、K_5、K_6类同。

② 设计对象的结构特征与概算指标有局部差异时的调整，计算式如下。

$$\genfrac{}{}{0pt}{}{\text{拟建工程结构变化}}{\text{修正概算指标}}（元/\mathrm{m}^2）= D + q_1 p_1 - q_2 p_2 \tag{3-3}$$

式中：D——原概算指标；

　　　q_1——换入新结构的含量；

　　　q_2——换出旧结构的含量；

　　　p_1——换入新结构的单价；

p_2——换出旧结构的单价。

③ 设备、人工、材料、机械台班费用的调整,计算式如下。

$$设备、人工、材料、机械\atop 修正概算费用 = 原概算指标的\atop 设备、人工、材料、机械费用 + \sum\left(换入设备、人工、\atop 材料、机械数量 \times 拟建地区\atop 相应单价\right) - \sum\left(换出设备、人工、\atop 材料、机械数量 \times 原概算指标\atop 设备、人工、材料、机械单价\right)$$

$$(3-4)$$

[例 3-2]　假设新建单身宿舍一座,其建筑面积为 3 500m²,按概算指标和地区材料预算价格等算出单位造价为 738 元/m²。其中,一般土建工程 640 元/m²,采暖工程 32 元/m²,给排水工程 36 元/m²,照明工程 30 元/m²,但新建单身宿舍设计资料与概算指标相比较,其结构构件有部分变更。设计资料表明,外墙为 1 砖半外墙,而概算指标中外墙为 1 砖墙。根据当地土建工程预算定额,外墙带形毛石基础的预算单价为 147.87 元/m³,1 砖外墙的预算单价为 177.10 元/m³,1 砖半外墙的预算单价为 178.08 元/m³;概算指标中每 100m² 中含外墙带形毛石基础为 18m³,1 砖外墙为 46.5m³。新建工程设计资料表明,每 100m² 中含外墙带形毛石基础为 19.6m³,1 砖半外墙为 61.2m³。要求:请计算调整后的概算单价和新建宿舍的概算造价。

解:土建工程中对结构构件的变更和单价调整,如表 3-3 所示。

表 3-3　结构变化引起的单价调整

序号	结构名称	单位	数量(每100m²含量)	单价/(元/m³)	合价/元
	土建工程单位面积(每平方米)造价				640
	换出部分				
1	外墙带形毛石基础	m³	18	147.87	2 661.66
2	1 砖外墙	m³	46.5	177.10	8 235.15
	合计	元			10 896.81
	换入部分				
3	外墙带形毛石基础	m³	19.6	147.87	2 898.25
4	1 砖半外墙	m³	61.2	178.08	10 898.5
	合计	元			13 796.75
单位造价修正系数:640-10 896.81÷100+13 796.75÷100=669(元)					

其余的单价指标都不变,因此经调整后的概算造价为 669+32+36+30=767(元/m²)。

新建宿舍的概算造价=767×3 500=2 684 500(元)

(3)类似工程预算法

在选取造价信息时,没有可以参考的造价指标,但可以找到类似工程的预算造价。此时用类似工程预算法。

类似工程预算法是利用技术条件与设计对象相类似的已完工程或在建工程的工

程造价资料来编制拟建工程设计概算的方法,类似工程造价的价差调整常用以下两种方法。

① 直接法。类似工程造价资料有具体的人工、材料、机械台班的用量时,可按类似工程预算造价资料中单方的主要材料用量、工日数量、机械台班用量乘以拟建工程所在地的主要材料预算价格、人工单价、机械台班单价,计算出直接费,再乘以当地的综合费率,即可直接得出所需的拟建工程造价指标。与拟建工程建筑面积相乘得到拟建工程概算造价。

② 修正法。选择了类似工程的预算,即需要对拟建工程与类似工程之间的时间、地点差异导致的价差以及工程结构差异进行修正。方法与概算指标法相同。

[例 3-3]   新建一幢教学大楼,建筑面积为 3 200m²。要求:根据下列类似工程施工图预算的有关数据,试用类似工程预算法编制概算。已知数据如下:

① 类似工程的建筑面积为 2 800m²,预算成本为 926 800 元。

② 类似工程各种费用占预算成本的权重:人工费 8%,材料费 61%,机具费 10%,企业管理费 6%,规费 9%,其他费 6%。

③ 拟建工程地区与类似工程地区造价之间的差异系数:$K_1 = 1.03$,$K_2 = 1.04$,$K_3 = 0.98$,$K_4 = 1.00$,$K_5 = 0.96$,$K_6 = 0.90$。

④ 利税率 10%。

解:① 综合调整系数 $K = 8\% \times 1.03 + 61\% \times 1.04 + 10\% \times 0.98 + 6\% \times 1.00 + 9\% \times 0.96 + 6\% \times 0.9 = 1.015\ 2$。

② 类似工程预算单方概算成本为 $926\ 800 \div 2\ 800 = 331(元/m^2)$。

③ 拟建教学楼工程单方概算成本为 $331 \times 1.015\ 2 \approx 336.03(元/m^2)$。

④ 拟建教学楼工程单方概算造价为 $336.03 \times (1 + 10\%) \approx 369.63(元/m^2)$。

⑤ 拟建教学楼工程的概算造价为 $369.63 \times 3\ 200 = 1\ 182\ 816(元)$。

2. 设备及安装工程概算

设备及安装工程概算包括设备购置费概算和设备安装工程费概算两大部分。

(1) 设备购置费概算

设备购置费由设备原价和运杂费两项组成。其中,设备运杂费的计算式如下。

$$设备运杂费 = 设备原价 \times 运杂费率 \qquad (3-5)$$

(2) 设备安装工程费概算

设备安装工程费概算的编制方法应根据初步设计深度和要求所明确的程度而采用。其主要编制方法有预算单价法、扩大单价法、设备价值百分比法和综合吨位指标法。

① 预算单价法。当初步设计较深,有详细的设备清单时,可直接按安装工程预算定额单价编制设备安装工程概算,概算程序与安装工程施工图预算程序基本相同。

② 扩大单价法。当初步设计深度不够,设备清单不完备,只有主体设备或仅有成套设备重量时,可采用主体设备、成套设备的综合扩大安装单价来编制概算。

③ 设备价值百分比法。当初步设计深度不够,只有设备出厂价而无详细规格、重量时,安装费可按其占设备费的百分比来计算。常用于价格波动不大的定型产品和通

用设备产品。计算式如下。

$$设备安装费=设备原价×安装费率(\%) \tag{3-6}$$

④ 综合吨位指标法。当初步设计提供的设备清单有规格和设备重量时,可采用综合吨位指标编制概算,其综合吨位指标由主管部门或由设计单位根据已完类似工程资料确定。计算式如下。

$$设备安装费=设备吨重×每吨设备安装费指标(元/t) \tag{3-7}$$

(二)单项工程综合概算编制

单项工程综合概算书一般包括编制说明和综合概算表两个部分。当建设项目只有一个单项工程时,综合概算文件还包括工程建设其他费用、预备费和建设期贷款利息的概算。

1. 编制说明

编制说明应列在综合概算表的前面,其内容包括以下几项。

① 工程概况。简述建设项目性质、特点、生产规模、建设周期、建设地点等主要情况。

② 编制依据。包括国家和有关部门的规定、设计文件、现行概算定额或概算指标、设备材料的预算价格和费用指标等。

③ 编制方法。说明设计概算是采用概算定额法,还是采用概算指标法或其他方法。

④ 其他必要的说明。

2. 综合概算表

综合概算表是根据单项工程所管辖范围内的各单位工程概算等基础资料,按照国家或部委所规定的统一表格进行编制。单项工程综合概算表如表 3-4 所示。

表 3-4 单项工程综合概算表

建设项目名称:　　　　单项工程名称:　　　　单位:万元　　　共　页第　页

序号	概算编号	工程项目和费用名称	概算价值						
			设计规模和主要工程量	建筑工程	安装工程	设备购置	工器具及生产家具购置	其他	总价

(三)建设项目总概算编制

设计总概算文件一般应包括:编制说明、总概算表、各单项工程综合概算书、工程建设其他费用概算表、主要建筑安装材料汇总表。独立装订成册的总概算文件宜加封面、签署页(扉页)和目录。

① 编制说明。编制说明的内容与单项工程综合概算文件相同。

② 总概算表。总概算表如表 3-5 所示。

表 3-5　总 概 算 表

总概算编号：　　　　工程名称：　　　　单位：万元　　　共 页 第 页

序号	概算编号	工程项目和费用名称	概算价值						占总投资比例/%
			建筑工程	安装工程	设备购置	工器具及生产家具购置	其他费用	合计	

③ 工程建设其他费用概算表。工程建设其他费用概算表按国家、地区或部委所规定的项目和标准确定,并按统一格式编制。

④ 主要建筑安装材料汇总表。针对每一个单项工程列出钢筋、型钢、水泥、木材等主要建筑安装材料的消耗量。

3.1.5　施工图预算编制

本书中的施工图预算依据《建设项目施工图预算编审规程》(CECA/GC 5—2010)(以下简称《预算规程》)进行介绍。传统的施工图预算相当于《预算规程》中的单位工程施工图预算。《预算规程》中的施工图预算与投资估算、设计概算总投资费用在构成内涵上取得了一致。

一、施工图预算的作用

施工图预算作为建设工程建设程序中一个重要的技术经济文件,在工程建设实施过程中具有十分重要的作用。

1. 施工图预算对投资方的作用

① 控制造价及资金合理使用的依据。

② 确定工程招标控制价的依据。

③ 拨付工程款及办理工程结算的依据。

2. 施工图预算对施工企业的作用

① 建筑施工企业投标时"报价"的参考依据。

② 建筑工程预算包干的依据和签订施工合同的主要内容。

③ 施工企业安排调配施工力量,组织材料供应的依据。

④ 施工企业控制工程成本的依据。

⑤ 进行"两算"对比的依据。

3. 施工图预算对其他方面的作用

① 对于工程咨询单位来说,可以客观、准确地为委托方做出施工图预算,以强化投资方对工程造价的控制,有利于节省投资,提高建设项目的投资效益。

② 对于工程造价管理部门来说,施工图预算是其监督检查执行定额标准、合理确定工程造价、测算造价指数及审定工程招标控制价的重要依据。

二、施工图预算的编制形式和编制内容

1. 施工图预算的编制形式

施工图预算根据建设项目实际情况可采用三级预算编制或二级预算编制形式。

微课
施工图预算的内容

（1）三级预算编制

当建设项目有多个单项工程时，应采用三级预算编制形式，由建设项目施工图总预算、单项工程综合预算、单位工程施工图预算组成。

（2）二级预算编制

当建设项目只有一个单项工程时，应采用二级预算编制形式，由建设项目施工图总预算和单位工程施工图预算组成。

2. 施工图预算的编制内容

建设项目施工图预算由总预算、单项工程综合预算和单位工程预算组成。总预算由各单项工程综合预算汇总而成。综合预算由组成本单项工程的各单位工程预算汇总而成。单位工程预算包括建筑工程预算和设备及安装工程预算。

（1）总预算

总预算是反映施工图设计阶段建设项目投资总额的造价文件，是施工图预算文件的主要组成部分，由组成该建设项目的各个单项工程综合预算和相关费用组成。

（2）单项工程综合预算

单项工程综合预算是反映施工图设计阶段一个单项工程（设计单元）造价的文件，是总预算的组成部分，由构成该单项工程的各个单位工程预算组成。

（3）单位工程预算

单位工程预算是依据单位工程施工图设计文件、现行预算定额以及人工、材料和施工机械台班价格等，按照规定的计价方法编制的工程造价文件。

（4）建筑工程预算

建筑工程预算是建筑工程各专业单位工程施工图预算的总称，建筑工程施工图预算按其工程性质分为一般土建、建筑安装工程预算、构筑物工程预算等。

（5）设备及安装工程预算

设备及安装工程预算是安装工程各专业单位工程预算的总称，设备及安装工程预算按其工程性质分为机械设备安装工程预算、电气设备安装工程预算、工业管道安装工程预算和热力设备安装工程预算等。

三、施工图预算的编制方法

1. 单位工程预算的编制方法

单位工程预算的编制应根据施工图设计文件、预算定额（或综合单价）以及人工、材料及施工机械台班等价格资料进行编制，主要编制方法有单价法和实物量法，其中单价法分为定额单价法和工程量清单单价法。

① 定额单价法。定额单价法是用事先编制好的分项工程的单位估价表来编制施工图预算的方法。

② 工程量清单单价法。工程量清单单价法是指根据招标人按照国家统一的工程量计算规则提供工程数量，采用综合单价的形式计算工程造价的方法。这是目前我国主流施工图预算计价模式。

③ 实物量法。实物量法是依据施工图纸和预算定额的项目划分及工程量计算规则，先计算出分部分项工程量，然后套用预算定额（实物量定额）来编制施工图预算的方法。

 微课
单价法编制施工图预算步骤（一）

 微课
单价法编制施工图预算步骤（二）

 微课
单价法编制施工图预算步骤（三）

微课
实物法编制施工图
预算步骤（一）

微课
实物法编制施工图
预算步骤（二）

微课
单价法与实物法的
比较

2. 单项工程综合预算和总预算的编制方法

单项工程综合预算造价由组成该单项工程的各个单位工程预算造价汇总而成。

总预算造价由组成该建设项目的各个单项工程综合预算以及经计算的工程建设其他费、预备费、建设期贷款利息、固定资产投资方向调节税汇总而成。

3.1.6　概预算文件审查

一、设计概算审查

（一）设计概算审查的意义

① 有利于合理分配投资资金、加强投资计划管理,有助于合理确定和有效控制工程造价。

② 有利于促进概算编制单位严格执行国家有关概算的编制规定和费用标准。

③ 有利于促进设计的技术先进性与经济合理性。

④ 有利于核定建设项目的投资规模。

⑤ 有利于为建设项目投资的落实提供可靠的依据。

（二）设计概算的编审程序及质量要求

在《建设项目设计概算编审规程》（CECA/GC 2—2015）中指出,设计概算的编审程序及质量要求如下。

① 设计概算文件编制的有关单位应当一起制订编制原则、方法,以及确定合理的概算投资水平,对设计概算的编制质量、投资水平负责。

② 项目设计负责人和概算负责人对全部设计概算的质量负责;概算文件编制人员应参与设计方案的讨论;设计人员要树立以经济效益为中心的观念,严格按照批准的工程内容及投资额度设计,提出满足概算文件编制深度的技术资料;概算文件编制人员对投资的合理性负责。

③ 概算文件需经编制单位自审,建设单位（项目业主）复审,工程造价主管部门审批（根据行政许可法,此处应为备案）。

④ 概算文件的编制与审查人员必须具有国家注册造价工程师资格,或者具有省市（行业）颁发的造价员资格证,并根据工程项目大小按持证专业承担相应的编审工作。

⑤ 各造价协会（或者行业）、造价主管部门可根据所主管的工程特点制定概算编制质量的管理办法,并对编制人员采取相应的措施进行考核。

（三）设计概算的审查内容

（1）审查设计概算的编制依据

① 审查编制依据的合法性。采用的各种编制依据必须经过国家和授权机关的批准,符合国家有关编制规定。

② 审查编制依据的时效性。各种依据,如定额、指标、价格、取费标准等,都应根据国家有关部门的现行规定执行。

③ 审查编制依据的适用范围。各主管部门规定的各种专业定额及其取费标准,只适用于该部门的专业工程,各地区规定的各种定额及其取费标准,只适用于该地区范围内,特别是地区的材料预算价格应该按照所在地的规定执行。

（2）审查设计概算的编制深度

① 审查编制说明。审查编制说明可以检查概算的编制方法、深度、编制依据等重大原则问题，若编制说明有差错，具体概算肯定也有错。

② 审查概算编制深度。一般大中型项目的设计概算，应有完整的编制说明和"三级概算"，并按有关规定的深度进行编制。审查是否有符合规定的"三级概算"，各级概算的编制、核对、审核是否按规定签署。

③ 审查概算的编制范围。审查概算的编制范围及具体内容是否与主管部门批准的建设项目范围及具体工程内容一致。

（3）审查设计概算的内容

① 审查概算的编制是否符合党的方针、政策，是否根据工程所在地的自然条件的编制。

② 审查建设规模（投资规模、生产能力等）、建设标准（用地指标、建筑标准等）、配套工程、设计定员等是否符合原批准的可行性研究报告或立项批文的标准。

③ 审查编制方法、计价依据和程序是否符合现行规定。包括定额或指标的使用范围和调整方法是否正确；补充定额或指标的项目划分、内容组成、编制原则等是否与现行的定额精神一致等。

④ 审查工程量是否正确。工程量的计算是否根据初步设计图纸、概算定额、工程量计算规则和施工组织设计的要求进行，尤其是对工程量大、造价高的项目应重点审查。

⑤ 审查材料用量和价格。审查主要材料的用量数据是否正确，材料预算价格是否符合工程所在地的价格水平，材料价差调整是否符合现行规定及其计算是否正确等。

⑥ 审查设备规格、数量和配置是否符合设计要求，是否与设备清单一致，设备预算价格是否真实，设备原价和运杂费的计算是否正确，非标准设备原价的计价方法是否符合规定，进口设备的各项费用的组成及其计算程序、方法是否符合国家主管部门的规定。

⑦ 审查建筑安装工程的各项费用的计取是否符合国家或地方有关部门的现行规定，计算程序和取费标准是否正确。

⑧ 审查综合概算、总概算的编制内容、方法是否符合现行规定和设计文件的要求，有无设计文件外项目，有无将非生产性项目以生产性项目列入。

⑨ 审查总概算文件的组成内容，是否完整地包括了建设项目从筹建到竣工投产为止的全部费用组成。

⑩ 审查工程建设其他各项费用。要按国家和地区规定逐项审查，不属于总概算范围的费用项目不能列入概算，具体费率或计取标准是否按国家、行业有关部门规定计算。

⑪ 审查项目的"三废"治理。拟建项目必须同时安排"三废"（废水、废气、废渣）的治理方案和投资，对于未做安排或漏项或多算、重算的项目，要按国家有关规定核实投资，以满足"三废"排放达到国家标准。

⑫ 审查技术经济指标。审核技术经济指标计算方法和程序是否正确，综合指标和单项指标与同类工程指标相比，是偏高还是偏低，其原因是什么并予以纠正。

⑬审查投资经济效果。设计概算是初步设计经济效果的反映,要按照生产规模、工艺流程、产品品种和质量,从企业的投资效益和投产后的运营效益全面分析,是否达到了先进可靠经济合理的要求。

（四）设计概算的审查方法

（1）对比分析法

对比分析法主要是通过建设规模、标准与立项批文对比;工程数量与设计图纸对比;综合范围、内容与编制方法、规定对比;各项取费与规定标准对比;材料、人工单价与统一信息对比;引进设备、技术投资与报价要求对比;技术经济指标与同类工程对比。

（2）查询核实法

查询核实法是对一些关键设备、重要装置、引进工程图纸不全、难以核算的较大投资进行多方查询核对,逐项落实的方法。

（3）联合会审法

联合会审法是指组成由业主、审批单位、专家等参加的联合审查组,组织召开联合审查会。审查可先采取多种形式分头审查,包括业主预审、工程造价咨询公司评审、邀请同行专家预审等。在会审大会上,各有关单位、专家汇报初审预审意见。然后进行认真分析、讨论,结合对各专业技术方案的审查意见所产生的投资增减,逐一核实原概算投资增减额。

对审查中发现的问题和偏差整理,汇总核增或核减的项目及其投资额,最后将具体的审核数据列表,依次汇总审核后的总投资及其增减投资额。对于差错较多、问题较大的或不能满足要求的,责成编制单位按审查意见修改后,重新报批。

二、施工图预算审查

微课
施工图预算的审查

对施工图预算进行审查,有利于核实工程实际成本,能更有针对性地控制工程造价。

1. 施工图预算审查内容

施工图预算审查重点应审查工程量的计算,定额的使用,设备材料及人工、机械价格的确定,相关费用的选取和确定。

（1）工程量的审查

工程量计算是编制施工图预算的基础性工作之一,对施工图预算的审查,应首先从审查工程量开始。

（2）定额的使用的审查

审查定额的使用时,应重点审查定额子目的套用是否正确。同时,对于补充的定额子目,要对其各项指标消耗量的合理性进行审查,并按程序进行报批,及时补充到定额当中。

（3）设备材料及人工、机械价格的审查

设备材料及人工、机械价格受时间、资金和市场行情等因素的影响较大,且在工程总造价中所占比例较高,因此,应作为施工图预算审查的重点。

（4）相关费用的选取和确定的审查

审查各项费用的选取是否符合国家和地方有关规定,审查费用的计算和计取基数是否正确、合理。

2. 施工图预算审查方法

施工图预算审查通常可采用全面审查法、标准预算审查法、分组计算审查法、对比审查法、筛选审查法、重点抽查法、利用手册审查法和分解对比审查法。

（1）全面审查法

全面审查法又称逐项审查法，是指按预算定额顺序或施工的先后顺序，逐一进行全部审查。其优点是全面、细致，审查的质量高；缺点是工作量大，审查时间较长。

（2）标准预算审查法

标准预算审查法是指对于利用标准图纸或通用图纸施工的工程，先集中力量编制标准预算，然后以此为标准对施工图预算进行审查。其优点是审查时间较短，审查效果好；缺点是应用范围较小。

（3）分组计算审查法

分组计算审查法是指将相邻且有一定内在联系的项目编为一组，审查某个分量，并利用不同量之间的相互关系判断其他几个分项工程量的准确性。其优点是可加快工程量审查的速度；缺点是审查的精度较差。

（4）对比审查法

对比审查法是指用已完工程的预结算或虽未建成但已审查修正的工程预结算对比审查拟建类似工程施工图预算。其优点是审查速度快，但同时需要具有较为丰富的相关工程数据库作为开展工作的基础。

（5）筛选审查法

筛选审查法也属于一种对比方法，即对数据加以汇集、优选、归纳，建立基本值，并以基本值为准进行筛选，对于未被筛下去的，即不在基本值范围内的数据进行较为详尽的审查。其优点是便于掌握，审查速度较快；缺点是有局限性，较适用于住宅工程或不具备全面审查条件的工程项目。

（6）重点抽查法

重点抽查法是指抓住工程预算中的重点环节和部分进行审查。其优点是重点突出，审查时间较短，审查效果较好；不足之处是对审查人员的专业素质要求较高，在审查人员经验不足或了解情况不够的情况下，极易造成判断失误，严重影响审查结论的准确性。

（7）利用手册审查法

利用手册审查法是指将工程常用的构配件事先整理成预算手册，按手册对照审查。

（8）分解对比审查法

分解对比审查法是将一个单位工程按直接费和间接费进行分解，然后再将直接费按工种和分部工程进行分解，分别与审定的标准预结算进行对比分析。

总之，设计概预算审查作为设计阶段造价管理的重要组成部分，需要有关各方积极配合，强化管理，从而实现基于建设工程全寿命期的全要素集成管理。

任务 3.2   控制工程造价

设计阶段是分析处理工程技术与经济关系的关键环节，也是有效控制工程造价的重要阶段。

在工程设计阶段,工程造价管理人员需要密切配合设计人员进行限额设计,处理好工程技术先进性与经济合理性之间的关系。

在初步设计阶段,要按照可行性研究报告及投资估算进行多方案的技术经济分析比较,确定初步设计方案,审查工程概算。

在施工图设计阶段,要按照审批的初步设计内容、范围和概算进行技术经济评价与分析,提出设计优化建议,确定施工图设计方案,审查施工图预算。

设计阶段工程造价管理的主要方法是通过多方案技术经济分析,优化设计方案,选用适宜方法审查工程概预算。同时,通过推行限额设计和标准化设计,有效控制工程造价。

3.2.1　限额设计

限额设计是指按照批准的可行性研究报告中的投资限额进行初步设计,按照批准的初步设计概算进行施工图设计,按照施工图预算造价编制施工图设计中各个专业设计文件的过程。

限额设计中,工程使用功能不能减少,技术标准不能降低,工程规模也不能削减。因此,限额设计需要在投资额度不变的情况下,实现使用功能和建设规模的最大化。限额设计是工程造价控制系统中的一个重要环节,是设计阶段进行技术经济分析、实施工程造价控制的一项重要措施。

一、限额设计工作内容

1. 合理确定设计限额目标

决策阶段是限额设计的关键。对政府工程而言,决策阶段的可行性研究报告是政府部门核准总投资额的主要依据,而批准的总投资额则是进行限额设计的重要依据。因此,应在多方案技术经济分析和评价后确定最终方案,提高投资估算准确度,合理确定设计限额目标。

2. 确定合理的初步设计方案

初步设计阶段需要依据最终确定的可行性研究方案和投资估算,对影响投资的因素按照专业进行分解,并将规定的投资限额下达到各专业设计人员。设计人员应用价值工程基本原理,通过多方案技术经济比选,创造出价值较高、技术经济性较为合理的初步设计方案,并将设计概算控制在批准的投资估算内。

3. 在概算范围内进行施工图设计

施工图是设计单位的最终成果文件,应按照批准的初步设计方案进行限额设计,施工图预算需控制在批准的设计概算范围内。

二、限额设计实施程序

限额设计强调技术与经济的统一,需要工程设计人员和工程造价管理专业人员密切合作。工程设计人员进行设计时,应基于建设工程全寿命期,充分考虑工程造价的影响因素,对方案进行比较,优化设计,工程造价管理专业人员要及时进行投资估算,在设计过程中协助工程设计人员进行技术经济分析和论证,从而达到有效控制工程造价的目的。

微课
限额设计工作内容

微课
限额设计实施程序

限额设计的实施是建设工程造价目标的动态反馈和管理过程,可分为目标制定、目标分解、目标推进和成果评价四个阶段。

1. 目标制定

限额设计目标包括造价目标、质量目标、进度目标、安全目标及环保目标。各个目标之间既相互关联又相互制约,因此,在分析论证限额设计目标时,应统筹兼顾、全面考虑,追求技术经济合理的最佳整体目标。

2. 目标分解

分解工程造价目标是实行限额设计的一个有效途径和主要方法。首先,将上一阶段确定的投资额分解到建筑、结构、电气、给排水和暖通等设计部门的各个专业。其次,将投资限额再分解到各个单项工程、单位工程、分部工程及分项工程。在目标分解过程中,要对设计方案进行综合分析与评价。最后,将各细化的目标明确到相应设计人员,制订明确的限额设计方案。通过层层目标分解和限额设计,实现对投资限额的有效控制。

3. 目标推进

目标推进通常包括限额初步设计和限额施工图设计两个阶段。

（1）限额初步设计阶段

限额初步设计阶段应严格按照分配的工程造价控制目标进行方案的规划和设计。在初步设计方案完成后,由工程造价管理人员及时编制初步设计概算,并进行初步设计方案的技术经济分析,直至满足限额要求。初步设计只有在满足各项功能要求并符合限额设计目标的情况下,才能作为下一阶段的限额目标给予批准。

（2）限额施工图设计阶段

限额施工图设计阶段应遵循各目标协调并进的原则,做到各目标之间的有机结合和统一,防止忽略其中任何一个。在施工图设计完成后,进行施工图设计的技术经济论证,分析施工图预算是否满足设计限额要求,以供设计决策者参考。

4. 成果评价

成果评价是目标管理的总结阶段。通过对设计成果的评价,总结经验和教训,作为指导和开展后续工作的重要依据。

值得指出的是,当考虑建设工程全寿命期成本时,按照限额要求设计的方案未必具有最佳经济性,此时也可考虑突破原有限额,重新选择设计方案。

3.2.2　设计方案评价与优化

设计方案评价与优化是设计过程的重要环节,它是指通过技术比较、经济分析和效益评价,正确处理技术先进与经济合理之间的关系,力求达到技术先进与经济合理的和谐统一。

设计方案评价与优化通常采用技术经济分析法,即将技术与经济相结合,按照建设工程经济效果,针对不同的设计方案,分析其技术经济指标,从中选出经济效果最优的方案。由于设计方案不同,其功能、造价、工期和设备、材料、人工消耗等标准均存在差异,因此,技术经济分析法不仅要考察工程技术方案,更要关注工程费用。

一、基本程序

设计方案评价与优化的基本程序如下：

① 按照使用功能、技术标准、投资限额的要求，结合工程所在地实际情况，建立可能的设计方案；

② 从所有可能的设计方案中初步筛选出各方面都较为满意的方案作为比选方案；

③ 根据设计方案的评价目的，明确评价的任务和范围；

④ 确定能反映方案特征并能满足评价目的的指标体系；

⑤ 根据设计方案计算各项指标及对比参数；

⑥ 根据方案评价的目的，将方案的分析评价指标分为基本指标和主要指标，通过评价指标的分析计算，排出方案的优劣次序，并提出推荐方案；

⑦ 综合分析，进行方案选择或提出技术优化建议；

⑧ 对技术优化建议进行组合搭配，确定优化方案；

⑨ 实施优化方案并总结备案。

在设计方案评价与优化过程中，建立合理的指标体系，并采取有效的评价方法进行方案优化是最基本和最重要的工作内容。

二、评价指标体系

设计方案的评价指标是方案评价与优化的衡量标准，对于技术经济分析的准确性和科学性具有重要作用。内容严谨、标准明确的指标体系，是对设计方案进行评价与优化的基础。

评价指标应能充分反映工程项目满足社会需求的程度，以及为取得使用价值所需投入的社会必要劳动和社会必要消耗量。因此，指标体系应包括以下内容：

① 使用价值指标，即工程项目满足需要程度（功能）的指标；

② 消耗量指标，即反映创造使用价值所消耗的资金、材料、劳动量等资源的指标；

③ 其他指标。

三、评价方法

设计方案的评价方法主要有多指标法、单指标法和多因素评分优选法。

1. 多指标法

多指标法就是采用多个指标，将各个对比方案的相应指标值逐一进行分析比较，按照各种指标数值的高低对其作出评价。其评价指标包括工程造价指标、主要材料消耗指标、劳动消耗指标和工期指标。可以根据工程的具体特点来选择这四类指标。

从建设工程全方位造价控制的角度考虑，仅利用这四类指标还不能完全满足设计方案的评价，还需要考虑建设工程全寿命期成本，并考虑工期成本、质量成本、安全成本及环保成本等诸多因素。

在采用多指标法对不同设计方案进行分析和评价时，如果某一方案的所有指标都优于其他方案，则为最佳方案；如果各个方案的其他指标都相同，只有一个指标相互之间有差异，则该指标最优的方案就是最佳方案。这两种情况对于优选决策来说都比较简单，但实际中很少有这种情况。在大多数情况下，不同方案之间往往是各有所长，有些指标较优，有些指标较差，而且各种指标对方案经济效果的影响也不相同。这时，若采用加权求和的方法，各指标的权重又很难确定，因而需要采用其他分析评价方法，如单指标法。

2. 单指标法

单指标法是以单一指标为基础对建设工程技术方案进行综合分析与评价的方法。单指标法有很多种类，各种方法的使用条件也不尽相同，较常用的方法包括综合费用法、全寿命期费用法和价值工程法等。

（1）综合费用法

这里的费用包括方案投产后的年度使用费、方案的建设投资以及由于手工期提前或延误而产生的收益或亏损等。该方法的基本出发点在于将建设投资和使用费结合起来考虑，同时考虑建设周期对投资效益的影响，以综合费用最小为最佳方案。综合费用法是一种静态价值指标评价方法，没有考虑资金的时间价值，只适用于建设周期较短的工程。此外，由于综合费用法只考虑费用，未能反映功能、质量、安全、环保等方面的差异，因而只有在方案的功能、建设标准等条件相同或基本相同时才能采用。计算式如下。

$$PC = K + CP_c \tag{3-8}$$

式中：PC——总计算费用；

　　　K——建设费用；

　　　C——年生产费用；

　　　P_c——基准投资回收期，年。

[例 3-4]　某企业为制作一台非标准设备，特邀请甲、乙、丙三家设计单位进行方案设计，三家设计单位提供的方案设计均达到有关规定的要求。预计三种设计方案制作的设备使用后产生的效益基本相同，基准投资回收期均为 5 年，三种设计方案的建设投资和年生产费用如表 3-6 所示。要求：采用综合费用法，选择最佳设计方案。

表 3-6　甲、乙、丙三种设计方案的建设投资和年生产费用　　　　单位：万元

设计方案	建设投资	年生产费用
甲	1 000	850
乙	880	950
丙	650	1 000

解：$PC_甲 = K + CP_c = 1\,000 + 850 \times 5 = 5\,250$（万元）

　　$PC_乙 = K + CP_c = 880 + 950 \times 5 = 5\,630$（万元）

　　$PC_丙 = K + CP_c = 650 + 1\,000 \times 5 = 5\,650$（万元）

根据上述计算结果，甲设计方案的综合费用最低，故甲方案为最佳设计方案。

（2）全寿命期费用法

建设工程全寿命期费用除包括筹建、征地拆迁、咨询、勘察、设计、施工、设备购置以及贷款支付利息等与工程建设有关的一次性投资费用之外，还包括工程完成后交付使用期内经常发生的费用支出，如维修费、设施更新费、采暖费、电梯费、空调费、保险费等。这些费用统称为使用费，按年计算时称为年度使用费。全寿命期费用法考虑了资金的时间价值，是一种动态的价值指标评价方法。由于不同技术方案的寿命期不同，因此，应用全寿命期费用法计算费用时，不用净现值法，而用年度等值法，以年度费用最小者为最优方案。

[例 3-5]　某公司欲开发某种新产品，为此需设计一条新的生产线。现有 A、B、C

三个设计方案,各设计方案预计的初始投资、每年年末的销售收入和生产费用如表3-7所示。各设计方案的寿命期均为6年,6年后的残值均为零。要求:假设基准收益率为8%,选择最佳设计方案。

表3-7   A、B、C三个设计方案的现金流量表   单位:万元

设计方案	初始投资	年销售收入	年生产费用
A	2 000	1 200	500
B	3 000	1 600	650
C	4 000	1 600	450

解:$NPV(8\%)_A = -2\,000+(1\,200-500)(P/A,8\%,6)=1\,236.16(万元)$

$NPV(8\%)_B = -3\,000+(1\,600-650)(P/A,8\%,6)=1\,391.95(万元)$

$NPV(8\%)_C = -4\,000+(1\,600-450)(P/A,8\%,6)=1\,316.57(万元)$

根据上述计算结果可知,B方案净现值最大,故B方案为最佳设计方案。

[例3-6] 某企业为制作一台非标准设备,特邀请甲、乙、丙三家设计单位进行方案设计,三家设计单位提供的方案设计均达到有关规定的要求。预计三种设计方案制作的设备使用后各年产生的效益和生产产品成本基本相同。生产该产品所需的费用全部为自有资金,设备制作一年内就可完成,有关资料如表3-8所示。要求:假设基准收益率为8%,选择最佳设计方案。

表3-8   甲、乙、丙三种设计方案有关资料

方案名称	使用寿命/年	初始投资/万元	维修间隔期/年	每次维修费/万元
甲	10	1 000	2	30
乙	6	680	1	20
丙	5	750	1	15

解:$PC(8\%)_甲 = 1\,000+30(P/F,8\%,2)+30(P/F,8\%,4)+30(P/F,8\%,6)$
$\qquad\qquad +30(P/F,8\%,8)=1\,082.86(万元)$

$AC(8\%)_甲 = 1\,082.86(A/P,8\%,10)=161.38(万元)$

$PC(8\%)_乙 = 680+20(P/A,8\%,5)=759.86(万元)$

$AC(8\%)_乙 = 759.86(A/P,8\%,6)=164.37(万元)$

$PC(8\%)_丙 = 750+15(P/A,8\%,4)=799.68(万元)$

$AC(8\%)_丙 = 799.68(A/P,8\%,5)=200.27(万元)$

根据上述计算结果可知,甲方案的费用年值最小,故甲方案为最佳设计方案。

(3)价值工程法

价值工程法主要是对产品进行功能分析,研究如何以最低的全寿命期成本实现产品的必要功能,从而提高产品价值。价值、功能和成本三者之间的关系如下。

$$价值=\frac{功能}{成本} \tag{3-9}$$

式中,功能为必要功能;成本为寿命周期成本(包括生产成本和使用成本);价值为

微课
价值工程法

微课
价值工程案例

寿命周期成本投入所获得的产品必要功能。

价值工程的目的是以研究对象的最低寿命周期成本可靠地实现使用者所需的必要功能,以获得最佳的综合效益。其目标为从功能和成本两方面改进研究对象,以提高其价值。

在建设项目设计阶段,应用价值工程法对设计方案进行评价的步骤如下。

① 功能分析。分析工程项目满足社会和生产需要的各主要功能。

② 功能评价。比较各项功能的重要程度,确定各项功能的权重。目前,功能权重一般通过打分法来确定,下面详细介绍 01 打分法和 04 打分法。

a. 01 打分法要求两个功能相比,相对重要的得 1 分,相对不重要的得 0 分。

[例 3-7]　某产品由 A、B、C、D、E 五个零部件组成,其各个零部件的功能重要性如下:A 比 C、D、E 重要,但没有 B 重要;B 比 C、D、E 重要;C 比 E 重要;D 比 C、E 重要。要求:用 01 评分法计算各零部件的功能权重。

解:各零部件功能权重如表 3-9 所示。

表 3-9　功能权重计算表

评价对象	A	B	C	D	E	功能得分 (1)	修正得分 (2) = (1) + 1	功能权重 (3) = (2) ÷ $\sum$ (2)
A	×	0	1	1	1	3	4	0.266 7
B	1	×	1	1	1	4	5	0.333 3
C	0	0	×	0	1	1	2	0.133 3
D	0	0	1	×	1	2	3	0.200 0
E	0	0	0	0	×	0	1	0.066 7
合计							15	1

b. 04 打分法要求两个功能相比,相对很重要的得 4 分,相对不重要的得 0 分;相对较重要的得 3 分,相对较不重要的得 1 分;同样重要的两个功能各得 2 分。

[例 3-8]　有关专家决定从五个方面(分别以 $F_1 \sim F_5$ 表示),对各功能的重要性达成以下共识:F_2 和 F_3 同样重要,F_4 和 F_5 同样重要,F_1 相对 F_4 很重要,F_1 相对 F_2 较重要。要求:用 04 打分法,计算各功能权重。

解:各功能权重如表 3-10 所示。

表 3-10　功能权重计算表

评价对象	F_1	F_2	F_3	F_4	F_5	功能得分 (1)	功能权重 (2) = (1) ÷ $\sum$ (1)
F_1	×	3	3	4	4	14	0.350
F_2	1	×	2	3	3	9	0.225
F_3	1	2	×	3	3	9	0.225
F_4	0	1	1	×	2	4	0.100
F_5	0	1	1	2	×	4	0.100
合计						40	1

③ 计算功能评价系数(F)。功能评价系数计算式如下。

$$功能评价系数 = \frac{某方案功能满足程度总分}{所有参加评选方案功能满足程度总分之和} \tag{3-10}$$

④ 计算成本系数(C)。成本系数计算式如下。

$$成本系数 = \frac{某方案每平方米造价}{所有评选方案每平方米造价之和} \tag{3-11}$$

⑤ 求出价值系数(V)并对方案进行评价。按 $V = F/C$ 分别求出各方案的价值系数,价值系数最大的方案为最优方案。

[例3-9]　某市对其沿江流域进行全面规划,划分出会展区、商务区和风景区等区段进行分段设计招标。其中会展区用地 $100\ 000\text{m}^2$,专家组综合各界意见确定了会展区的主要评价指标为:总体规划的适用性(F_1)、各功能区的合理布局(F_2)、与流域景观的协调一致性(F_3)、充分利用空间增加会展面积(F_4)、建筑物美观性(F_5)。并对各功能的重要性分析如下:F_3 相对于 F_4 很重要,F_3 相对于 F_1 较重要,F_2 和 F_5 同样重要,F_4 和 F_5 同样重要。现经层层筛选后,三个设计方案进入最终评审。专家组对这三个设计方案满足程度的评分结果和各方案的单位面积造价如表3-11所示。

表3-11　各设计方案评价指标的评分值和单方造价

功能　　　得分　　　方案	A	B	C
总体规划的适用性(F_1)	9	8	9
各功能区的合理布局(F_2)	8	7	8
与流域景观的协调一致性(F_3)	8	10	10
充分利用空间增加会展面积(F_4)	7	6	8
建筑物美观性(F_5)	10	9	8
单位面积造价/(元/m²)	2 560	2 640	2 420

要求:① 用04打分法计算各功能的权重。

② 用功能指数法选择最佳设计方案。

解:① 功能权重计算如表3-12所示。

表3-12　功能权重计算表

功能	F_1	F_2	F_3	F_4	F_5	得分	权重
F_1	×	3	1	3	3	10	0.250
F_2	1	×	0	2	2	5	0.125
F_3	3	4	×	4	4	15	0.375
F_4	1	2	0	×	2	5	0.125
F_5	1	2	0	2	×	5	0.125
合计						40	1.000

② 各方案功能指数计算如表 3-13 所示。

表 3-13 各方案功能指数计算表

方案 功能	功能 权重	方案功能加权得分		
		A	B	C
F_1	0.250	9×0.250=2.250	8×0.250=2.000	9×0.250=2.250
F_2	0.125	8×0.125=1.000	7×0.125=0.875	8×0.125=1.000
F_3	0.375	8×0.375=3.000	10×0.375=3.750	10×0.375=3.750
F_4	0.125	7×0.125=0.875	6×0.125=0.750	8×0.125=1.000
F_5	0.125	10×0.125=1.250	9×0.125=1.125	8×0.125=1.000
合计		8.375	8.500	9.000
功能指数		$\frac{8.375}{25.875}=0.324$	$\frac{8.500}{25.875}=0.329$	$\frac{9.000}{25.875}=0.348$

各方案价值指数计算如表 3-14 所示。

表 3-14 各方案价值指数计算表

方案	功能指数(1)	单方造价/(元/m²) (2)	成本指数 (3)=(2)÷∑(2)	价值指数 (4)=(1)÷(3)
A	0.324	2 560	0.336 0	0.964 3
B	0.329	2 640	0.346 5	0.949 5
C	0.348	2 420	0.317 6	1.096
合计	1	7 620	1	—

根据上述计算结果,方案 C 价值指数最大,则方案 C 为最佳设计方案。

3. 多因素评分优选法

多因素评分优选法是多指标法与单指标法相结合的一种方法。首先,对需要进行分析评价的设计方案设定若干个评价指标,按其重要程度分配权重,然后按照评价标准给各指标打分,将各项指标所得分数与其权重采用综合方法整合,得出各设计方案的评价总分,以获总分最高者为最佳方案。多因素评分优选法综合了定量分析评价与定性分析评价的优点,可靠性高,应用较广泛。

四、方案优化

方案优化是使设计质量不断提高的有效途径,可在设计招标或设计方案竞赛的基础上,将各设计方案的可取之处进行重新组合,吸收众多设计方案的优点,使设计更加完美。而对于具体方案,则应综合考虑工程质量、造价、工期、安全和环保五大目标,基于全要素造价管理进行优化。

工程项目五大目标之间的整体相关性,决定了设计方案优化必须考虑工程质量、造价、工期、安全和环保五大目标之间的最佳匹配,力求达到整体目标最优,而不能孤立、片面地考虑某一目标或强调某一目标而忽略其他目标。在保证工程质量和安全、保护环境的基础上,追求全寿命期成本最低的设计方案。

复习题

1. 思考题

（1）设计阶段是如何划分的？

（2）什么是价值工程？

（3）什么是设计概算？

（4）设计概算编制的内容有哪些？

（5）设计概算的审查方法有哪些？

（6）施工图预算作用有哪些？

（7）施工图预算的编制形式有哪些？

（8）施工图预算的审查内容有哪些？

（9）施工图预算的审查方法有哪些？

（10）限额设计工作内容有哪些？

（11）设计方案评价方法有哪些？

2. 案例题

（1）甲、乙、丙三个设计方案的基建投资额和年成本如表 3-15 所示。

表 3-15　甲、乙、丙三个设计方案的基建投资额和年成本资料　　　　　万元

方案	基建投资额	年成本
甲	800	450
乙	1 400	400
丙	1 000	420

要求：基准投资回收期为 8.33 年，试比较三个设计方案哪一个最优。

（2）某制造厂在进行厂址选择过程中，对甲、乙、丙三个地点进行了考虑。综合专家评审意见，提出厂址选择的评价指标。包括：① 接近原料产地；② 有良好的排污条件；③ 有一定的水源、动力条件；④ 当地有廉价劳动力从事原料采集、搬运工作；⑤ 地价便宜。经专家评审，三个地点的得分情况和各项指标的重要程度如表 3-16 所示。

表 3-16　三个地点的得分情况和各项指标的重要程度

序号	评价指标	各评价指标权重	选择方案得分		
			甲	乙	丙
1	接近原料产地	0.35	90	80	75
2	排污条件	0.25	80	75	90
3	水源、动力条件	0.20	70	90	80
4	劳动力资源	0.10	80	85	90
5	地价便宜	0.10	90	85	90

要求：根据上述资料进行厂址选择。

（3）某企业为扩大生产规模需要增加一个生产车间，现有三家设计单位设计了 A、

B、C 三个设计方案,其初始投资和年收益如表 3-17 所示。

表 3-17 A、B、C 三个设计方案初始投资和年收益资料 单位:万元

设计方案	初始投资	年运行费用	年收益
A	500	150	450
B	700	130	600
C	850	120	700

三个设计方案的寿命期均为 15 年,基准收益率为 8% 。要求:选择经济上较合理的设计方案。

(4)某建设项目有两个设计方案,其生产能力和产品品种质量相同,有关基础数据如表 3-18 所示。要求:假定基准收益率为 8% ,选择设计方案。

表 3-18 两个设计方案有关基础资料

项目	方案 1	方案 2
初始投资/万元	7 000	8 000
生产期/年	10	8
残值/万元	350	400
年经营成本/万元	3 000	2 000

(5)某工程项目有甲、乙、丙、丁四个单位工程,造价工程师拟对该工程进行价值工程分析。在选择分析对象时,得出的数据如表 3-19 所示。

表 3-19 甲、乙、丙、丁四个单位工程的数据资料

单位工程名称	造价/万元	功能评价系数
甲	600	0.35
乙	400	0.10
丙	500	0.30
丁	100	0.25
合计	1 600	1.00

要求:① 计算成本系数和价值系数,选择价值工程分析对象。

② 按该工程项目实际情况,准备将工程造价控制在 1 500 万元。试分析各单位工程的目标成本及其成本降低期望值,并确定单位工程改进的顺序。

(6)通过价值工程分析对象的选择,造价工程师将某单位工程 A、B、C 作为进一步研究的对象。有关专家决定从四个方面(分别以 $F_1 \sim F_4$ 表示)对不同方案的功能进行评价,并对各功能的重要性达成以下共识:F_2 相对 F_3 很重要,F_2 相对 F_4 较重要,F_4 相对 F_3 较重要,F_1 和 F_4 同样重要。此外,各专家提出了三个设计方案,得出的数据如表 3-20 所示。

表 3-20   各专家提出三个设计方案的数据资料

方案功能	各方案功能得分		
	A	B	C
F_1	10	9	7
F_2	8	10	8
F_3	9	8	9
F_4	9	10	10
单方造价/(元/m²)	780	860	650

要求：① 用 04 打分法，计算各功能的权重。

② 计算各方案的成本系数、功能评价系数和价值系数，并确定最优方案。

（7）拟建砖混住宅楼工程，建筑面积为 3 800 m²，结构形式与已建住宅楼相似，类似工程建筑面积 3 680 m²，单方造价 850 元。不同的是门窗、地面及墙饰面。类似工程和拟建工程的门窗、地面及墙饰面数据资料如表 3-21、表 3-22 所示。

表 3-21   类似工程门窗、地面及墙饰面数据资料

项目	工程量/m²	预算单价/(元/m²)
双层钢门窗	1 350	92.7
彩釉地面砖	2 850	64.8
墙面 815 涂料	11 200	2.66

表 3-22   拟建工程门窗、地面及墙饰面数据资料

项目	工程量/m²	预算单价/(元/m²)
塑钢门窗	1 420	248
大理石地面	2 970	125
墙面刷仿瓷砖涂料	11 400	4.88

已知类似工程的人工费、材料费、施工机具使用费、企业管理费、规费分别占单方造价比例为 18%、65%、5%、12%、9%，拟建工程与类似工程预算造价在这几方面的差异系数分别为 1.83、1.27、1.05、1.01 和 0.95。

要求：① 根据背景材料确定拟建工程概算造价。

② 已知类似工程预算中，消耗量指标如表 3-23 所示，应用概算指标法确定拟建工程的概算造价。

表 3-23   类似工程消耗量指标

每平方米建筑面积资源消耗			其他
项目	数量	单价	
人工	6.9 工日	23.4 元/工日	其他材料费占主材费 48%，施工机具使用费占人工费 6%，拟建工程综合费率为 18%
钢材	243 kg	3.2 元/kg	
水泥	228 kg	0.28 元/kg	
木材	0.07 m³	2 200 元/m³	
钢门窗	0.38 m²	108 元/m²	

项目 4

发承包阶段造价控制

学习重点

1. 最高投标限价编制。
2. 投标报价编制。
3. 施工投标策略。
4. 施工评标与授标。

相关政策法规

《中华人民共和国招标投标法实施条例》(2019 年修订)。

《房屋建筑和市政基础设施项目工程总承包管理办法》(建市规〔2019〕12 号)。

《建设项目全过程造价咨询规程》(CECA/GC 4—2017)。

《中华人民共和国招标投标法》(2017 年修订)。

《建筑工程施工发包与承包计价管理办法》(住建部令第 16 号)。

《评标委员会和评标办法暂行规定》(2013 年修订)。

《建设工程工程量清单计价规范》(GB 50500—2013)。

《中华人民共和国标准简明施工招标文件》(2012 年)。

《中华人民共和国标准设计施工总承包招标文件》(2012 年)。

《建设工程招标控制价编审规程》(CECA/GC 6—2011)。

《中华人民共和国标准施工招标文件》(2007 年)。

《中华人民共和国标准施工招标资格预审文件》(2007 年)。

任务 4.1　确定工程造价

根据《中华人民共和国招标投标法》，对于规定范围和规模标准内的建设项目，建设单位须通过招标方式选择施工单位；对于不适于招标发包的建设项目，建设单位可以直接发包。这里主要讨论施工招标发包阶段的工程造价计算。

4.1.1　最高投标限价编制

最高投标限价，又称招标控制价，是招标人根据国家或省级、行业建设主管部门颁发的有关计价依据和办法，依据拟订的招标文件和招标工程量清单，结合工程具体情况发布的对投标人的投标报价进行控制的最高价格。

《建设工程工程量清单计价规范》（GB 50500—2008）提出了"招标控制价"的表述，《中华人民共和国招标投标法实施条例》使用了"最高投标限价"的表述。"招标控制价"和"最高投标限价"所代表的含义一致，这里统一称为"最高投标限价"。

最高投标限价和标底是两个不同的概念。标底是招标人的预期价格，最高投标限价是招标人可以接受的上限价格。招标人不得以投标报价超过标底上下浮动范围作为否决投标的条件，但是投标人报价超过最高投标限价时将被否决。标底需要保密，最高投标限价则需要在发布招标文件时公布。

一、最高投标限价的作用

最高投标限价的编制可有效控制投资，防止通过围标、串标方式恶性哄抬报价，给招标人带来投资失控的风险。最高投标限价或其计算方法需要在招标文件中明确，因此，最高投标限价的编制提高了透明度，避免了暗箱操作等违法活动的产生。在最高投标限价的约束下，各投标人自主报价、公开公平竞争，有利于引导投标人进行理性竞争，符合市场规律。

二、采用最高投标限价招标应该注意的问题

① 若最高投标限价大大高于市场平均价，就预示中标后利润很丰厚，只要投标不超过公布的限额都是有效投标，从而可能诱导投标人串标、围标。

② 若招标文件公布的最高投标限价远远低于市场平均价，就会影响招标效率。即投标人按此限额投标将无利可图，超出此限额投标又成为无效投标，结果可能出现只有 1~2 人投标或出现无人投标情况，使招标人不得不修改最高投标限价进行二次招标。

③ 最高投标限价编制工作本身是一项较为系统的工程活动，编制人员除具备相关造价知识之外，还需对工程的实际作业有全面的了解。若将其编制的重点仅仅集中在计量与计价上，忽视了对工程本身系统的了解，则很容易造成最高限价与事实不符的情况发生，使得招标单位与投标单位都面临较大的风险。

三、最高投标限价的编制依据

① 现行国家标准《建设工程工程量清单计价规范》（GB 50500—2013）与各专业工程工程量计算规范。

② 国家或省级、行业建设主管部门颁发的计价定额和计价办法。

③ 建设工程设计文件及相关资料。

④ 拟定的招标文件及招标工程量清单。

⑤ 与建设项目相关的标准、规范、技术资料。

⑥ 施工现场情况、工程特点及常规施工方案。

⑦ 工程造价管理机构发布的人工、材料、设备及机械单价等工程造价信息;工程造价信息没有发布的,参照市场价。

⑧ 其他相关资料。

四、最高投标限价的编制要求

微课
最高投标限价(招标控制价)的编制内容

最高投标限价应当有完善的编制说明。编制说明应包括工程规模、涵盖的范围、采用的预算定额和依据、基础单价来源、税费取定标准等内容,以方便对最高投标限价进行理解和审查。

最高投标限价的编制内容包括分部分项工程费、措施项目费、其他项目费、规费和增值税,各个部分有不同的计价要求。

1. 分部分项工程费的编制要求

① 分部分项工程费应根据拟定的招标文件中的分部分项工程量清单及有关要求,按《建设工程工程量清单计价规范》(CB 50500—2013)有关规定确定综合单价计价。

② 工程量依据招标文件中提供的分部分项工程量清单确定。

③ 招标文件提供了暂估单价的材料,应按暂估单价计入综合单价。

④ 为使最高投标限价与投标报价所包含的内容一致,综合单价中应包括招标文件中要求投标人所承担的风险内容及其范围(幅度)产生的风险费用,文件没有明确的,应提请招标人明确。

2. 措施项目费的编制要求

① 措施项目费中的安全文明施工费应当按照国家或省级、行业建设主管部门的规定标准计价,该部分不得作为竞争性费用。

② 不同工程项目、不同施工单位会有不同的施工组织方法,所发生的措施费也会有所不同。因此对于竞争性措施项目费的确定,招标人应依据工程特点,结合施工条件和施工方案,考虑其经济性、实用性、先进性、合理性和高效性。

③ 措施项目应按招标文件中提供的措施项目清单确定,措施项目分为以“量”计算和以“项”计算两种。对于可精确计量的措施项目,以“量”计算,按其工程量用与分部分项工程量清单单价相同的方式确定综合单价;对于不可精确计量的措施项目,则以“项”为单位,采用费率法按有关规定综合取定,采用费率法时需确定某项费用的计费基数及其费率,结果应是包括除规费、增值税以外的全部费用。计算式如下。

$$以“项”计算的措施项目清单费 = 措施项目计费基数 × 费率 \qquad (4-1)$$

3. 其他项目费的编制要求

① 暂列金额。暂列金额可根据工程的复杂程度、设计深度、工程环境条件(包括地质、水文、气候条件等)进行估算。

② 暂估价。暂估价中的材料和工程设备单价应按照工程造价管理机构发布的工程造价信息中的材料和工程设备单价计算,如果发布的部分材料和工程设备单价为一

个范围,宜遵循就高原则编制最高投标限价;工程造价信息未发布的材料和工程设备单价,其单价参考市场价格估算;暂估价中的专业工程暂估价应分不同专业,按有关计价规定估算。

③ 计日工。计日工包括人工、材料和施工机械。在编制最高投标限价时,对计日工中的人工单价和施工机械台班单价应按省级、行业建设主管部门或其授权的工程造价管理机构公布的单价计算。如果人工单价、费率标准等有浮动范围可供选择时,应在合理范围内选择偏低的人工单价和费率值,以缩小最高投标限价与合理成本价的差距。材料应按工程造价管理机构发布的工程造价信息中的材料单价计算,如果发布的部分材料单价为一个范围,宜遵循就高原则编制最高投标限价;工程造价信息未发布单价的材料,其价格应在确保信息来源可靠的前提下,按市场调查、分析确定的单价计算,并计取一定的企业管理费和利润。未采用工程造价管理机构发布的工程造价信息时,需在招标文件或答疑补充文件中对最高投标限价采用的与造价信息不一致的市场价格予以说明。

④ 总承包服务费。编制最高投标限价时,总承包服务费应按照省级或行业建设主管部门的规定计算,或者根据行业经验标准计算。

4. 规费和增值税的编制要求

规费和增值税应按国家或省级、行业建设主管部门的规定计算,不得作为竞争性费用。增值税计算式如下。

$$增值税 = \left(\begin{matrix}分部分项\\工程量清单费\end{matrix} + \begin{matrix}措施项目\\清单费\end{matrix} + \begin{matrix}其他项目\\清单费\end{matrix} + 规费\right) \times 增值税税率 \qquad (4-2)$$

五、最高投标限价的确定

1. 最高投标限价计价程序

建设工程的最高投标限价反映的是单位工程费用,各单位工程费用是由分部分项工程费、措施项目费、其他项目费、规费和增值税组成。单位工程最高投标限价计价程序如表4-1所示。

表4-1　单位工程最高投标限价计价程序

工程名称:　　　　　　　　　　　标段:　　　　　　　　　　第　页共　页

序号	汇总内容	计算方法	金额/元
1	分部分项工程费	按计价规定计算	
1.1			
1.2			
2	措施项目费	按计价规定计算	
2.1	其中:安全文明施工费	按规定标准估算	
3	其他项目费		
3.1	其中:暂列金额	按计价规定估算	
3.2	其中:专业工程暂估价	按计价规定估算	
3.3	其中:计日工	按计价规定估算	

续表

序号	汇总内容	计算方法	金额/元
3.4	其中：总承包服务费	按计价规定估算	
4	规费	按规定标准计算	
5	增值税	（1+2+3+4）×增值税税率	
最高投标限价合计 = 1+2+3+4+5			

2. 综合单价的确定

最高投标限价的分部分项工程费应由各单位工程的招标工程量清单乘以其相应综合单价汇总而成。综合单价的确定应按照招标文件中的分部分项工程量清单的项目名称、工程量、项目特征描述，依据工程所在地区颁发的计价定额和人工、材料、机械台班价格信息等进行编制，并应编制工程量清单综合单价分析表。编制最高投标限价在确定其综合单价时，应根据招标文件中关于风险的约定考虑一定范围内的风险因素，以百分比的形式预留一定的风险费用。招标文件中应说明双方各自承担风险所包括的范围及超出该范围的价格调整方法。招标文件中如果未做要求或要求不清晰的，可按以下原则确定。

① 对于技术难度较大、施工工艺较复杂和管理较复杂的项目，可考虑一定的风险费用，或适当调高风险预期和费用，并纳入综合单价中。

② 对于工程设备、材料价格因市场价格波动造成的市场风险，应依据招标文件的规定、工程所在地或行业工程造价管理机构的有关规定，以及市场价格趋势，收集工程所在地近一段时间以来的价格信息，对比分析找出其波动规律，适当考虑一定波动风险率值后的风险费用，纳入综合单价中。

③ 增值税、规费等法律、法规、规章和政策变化的风险和人工单价等风险费用不应纳入综合单价。

4.1.2　投标报价编制

微课
投标文件及投标报价的编制

建设项目投标是工程招标的对称概念，是指具有合法资格和能力的投标人根据招标条件，经过初步研究和估算，在指定期限内填写标书，提出报价，并等候开标，决定能否中标的经济活动。

一、投标报价的编制原则和依据

1. 投标报价的编制原则

① 必须贯彻执行国家的有关政策和方针，符合国家的法律、法规和公共利益。

② 认真贯彻等价有偿的原则，投标人应依据招标文件及其招标工程量清单自主确定报价成本，投标报价不得低于工程成本。

③ 工程投标报价的编制必须建立在科学分析和合理计算的基础之上，要较准确地反映工程价格。投标人应按招标工程量清单填报价格。项目编码、项目名称、项目特征、计量单位、工程量必须与招标工程量清单一致。

④ 投标价应由投标人或受其委托具有相应资质的工程造价咨询人编制。

⑤ 以施工方案、技术措施等作为投标报价计算的基本条件，投标人可根据工程实际情况结合施工组织设计，对招标人所列的措施项目进行增补。

⑥ 以反映企业技术和管理水平的企业定额作为计算人工、材料和机械台班消耗量的基本依据。

2. 投标报价的编制依据

① 计价规范。

② 国家或省级、行业建设主管部门颁发的计价办法。

③ 企业定额,国家或省级、行业建设主管部门颁发的计价定额。

④ 招标文件、工程量清单及其补充通知、答疑纪要。

⑤ 建设工程设计文件及相关资料。

⑥ 施工现场情况、工程特点及拟定的投标施工组织设计或施工方案。

⑦ 与建设项目相关的标准、规范等技术资料。

⑧ 市场价格信息或工程造价管理机构发布的工程造价信息。

⑨ 其他相关资料。

二、投标报价的编制方法

投标报价的编制过程,应首先根据招标人提供的工程量清单编制分部分项工程和措施项目清单与计价表,其他项目清单与计价汇总表,规费、增值税项目清单与计价表,计算完毕之后,汇总得到单位工程投标报价汇总表,再逐层汇总,分别得出单项工程投标报价汇总表、建设工程项目投标总价汇总表和投标总价的组成,如图4-1所示。

微课
工程量清单计价与
计量规范概述

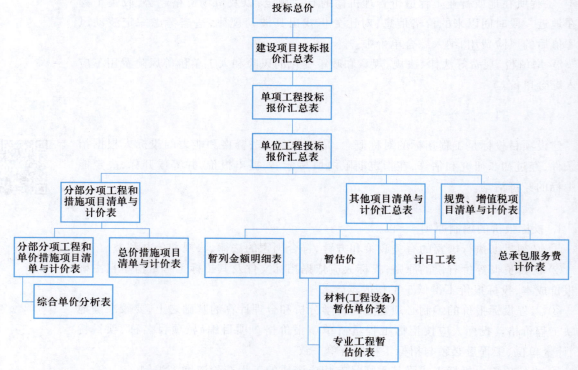

图4-1　建设项目施工投标总价组成

在编制过程中,投标人应按招标人提供的工程量清单填报价格。填写的项目编码、项目名称、项目特征、计量单位、工程数量必须与招标人提供的一致。

（一）分部分项工程和措施项目清单与计价表的编制

微课
分部分项工程项目
清单

1. 分部分项工程和单价措施项目清单与计价表的编制

投标人投标报价中的分部分项工程费和以单价计算的措施项目费应按招标文件中分部分项工程和单价措施项目清单与计价表的特征描述确定综合单价计算。因此,确定综合单价是分部分项工程和单价措施项目清单与计价表编制过程中最主要的内容。综合单价包括完成一个规定工程量清单项目所需的人工费、材料和工程设备费、施工机具使用费、企业管理费、利润,以及一定范围内的风险费用的分摊。计算式如下。

微课
措施项目清单

$$综合单价=人工费+材料和工程设备费+施工机具使用费+管理费+利润　(4-3)$$

（1）综合单价确定的步骤和方法

当分部分项工程内容比较简单,由单一计价子项计价,且《建设工程工程量清单计价规范》(GB 50500—2013)与所使用计价定额中的工程量计算规则相同时,综合单价的确定只需用相应计价定额子目中的人、材、机费作为基数计算管理费、利润,再考虑相应的风险费用即可。当工程量清单给出的分部分项工程与所用计价定额的单位不同或工程量计算规则不同,则需要按计价定额的计算规则重新计算工程量,并按照下列步骤来确定综合单价。

① 确定计算基础。计算基础主要包括消耗量指标和生产要素单价,应根据本企业的企业消耗量定额,并结合拟定的施工方案确定完成清单项目需要消耗的各种人工、材料、机械台班的数量。若没有企业定额或企业定额缺项时,可参照与本企业实际水平相近的国家、地区、行业定额,并通过调整来确定清单项目的人、材、机单位用量。各种人工、材料、机械台班的单价,则应根据询价的结果和市场行情综合确定。

② 分析每一清单项目的工程内容。在招标工程量清单中,招标人已对项目特征进行了准确、详细的描述,投标人根据这一描述,再结合施工现场情况和拟定的施工方案确定完成各清单项目实际应发生的工程内容,必要时可参照《建设工程工程量清单计价规范》(GB 50500—2013)中提供的工程内容,有些特殊的工程也可能出现规范列表之外的工程内容。

③ 计算工程内容的工程数量与清单单位的含量。每一项工程内容都应根据所选定额的工程量计算规则计算其工程数量,当定额的工程量计算规则与清单的工程量计算规则一致时,可直接以工程量清单中的工程量作为工程内容的工程数量。

当采用清单单位含量计算人工费、材料费、施工机具使用费时,还需要计算每一计量单位的清单项目所分摊的工程内容的工程数量,即清单单位含量。计算式如下。

$$清单单位含量=\frac{某工程内容的定额工程量}{清单工程量}　(4-4)$$

④ 分部分项工程人工、材料、机械费用的计算。以完成每一计量单位的清单项目所需的人工、材料、机械用量为基础计算。计算式如下。

$$\begin{matrix}每一计量单位清单项目\\某种资源的使用量\end{matrix}=\begin{matrix}该种资源的\\定额单位用量\end{matrix}\times\begin{matrix}相应定额条目的\\清单单位含量\end{matrix}　(4-5)$$

再根据预先确定的各种生产要素的单位价格可计算出每一计量单位清单项目的分部分项工程的人工费、材料费与施工机具使用费。计算式如下。

$$人工费 = \frac{完成单位清单项目}{所需人工的工日数量} \times 人工工日单价 \qquad (4-6)$$

$$材料费 = \sum \frac{完成单位清单项目所需}{各种材料、半成品的数量} \times 各种材料、半成品单价 \qquad (4-7)$$

$$\frac{施工机具}{使用费} = \sum \frac{完成单位清单项目所需}{各种施工机具的台班} \times 各种机械的台班单价 \qquad (4-8)$$

当招标人提供的其他项目清单中列示了材料暂估价时,应根据招标人提供的价格计算材料费,并在分部分项工程量清单与计价表中表现出来。

⑤ 计算综合单价。企业管理费和利润的计算可根据人工费、材料费、机械费之和按照一定的费率取费计算。计算式如下。

$$企业管理费 = (人工费 + 材料费 + 施工机具使用费) \times 企业管理费率 \qquad (4-9)$$

$$利润 = (人工费 + 材料费 + 施工机具使用费 + 企业管理费) \times 利润率 \qquad (4-10)$$

(2)编制分部分项工程和单价措施项目清单与计价表

将上述五项费用汇总并考虑合理的风险费用后,即可得到清单综合单价。根据计算出的综合单价,可编制分部分项工程和单价措施项目清单与计价表,示例如表4-2所示。

表4-2　分部分项工程和单价措施项目清单与计价表示例(投标报价)

工程名称:某工程　　　　　　　　　　　　标段:　　　　　　　　　　第　页共　页

序号	项目编码	项目名称	项目特征	计量单位	工程量	金额/元		
						综合单价	合价	其中:暂估价
			......					
			0105 混凝土及钢筋混凝土工程					
6	010503001001	基础梁	C30 预拌混凝土,梁底标高-1.55m	m³	208	356.14	74 077	
7	010515001001	现浇构件钢筋	螺纹钢 Q235,φ14	t	200	4 787.16	957 432	800 000
			......					
		分部小计					2 432 419	800 000
			......					
			0117 措施项目					
16	011701001001	综合脚手架	砖混、檐高 22m	m²	10 940	19.80	216 612	
			......					
		分部小计					738 257	
		合计					6 318 410	800 000

（3）编制工程量清单综合单价分析表

为表明综合单价的合理性，投标人应对其进行单价分析，以作为评标时的判断依据。综合单价分析表的编制应反映上述综合单价的编制过程，并按照规定的格式进行，示例见表 4-3。

表 4-3　工程量清单综合单价分析表示例

工程名称：某工程　　　　　　　　　　　标段：　　　　　　　　　　第　页 共　页

项目编码	010515001001			项目名称	现浇构件钢筋	计量单位	t	工程量	200
清单综合单价组成明细									
定额编号	定额名称	定额单位	数量	单价/元					
				人工费	材料费	机械费	管理费和利润		
				合价/元					
				人工费	材料费	机械费	管理费和利润		
AD0899	现浇构件钢筋制安	t	1.07	294.75	4 327.70	62.42	102.29		
				294.75	4 327.70	62.42	102.29		

人工单价		小计		294.75	4 327.70	62.42	102.29
80 元/工日		未计价材料费					
清单项目综合单价				4 787.16			

材料费明细	主要材料名称、规格、型号	单位	数量	单价/元	合价/元	暂估单价/元	暂估合价/元
	螺纹钢 Q235,ϕ14	t	1.07			4 000.00	4 280.00
	焊条	kg	8.64	4.00	34.56		
	其他材料费			—	13.14	—	
	材料费小计			—	47.70	—	4 280.00

2. 总价措施项目清单与计价表的编制

如果措施项目不能精确计量，应编制总价措施项目清单与计价表。投标人对措施项目中的总价项目投标报价应遵循以下原则。

① 措施项目的内容应依据招标人提供的措施项目清单和投标人投标时拟定的施工组织设计或施工方案确定。

② 措施项目费由投标人自主确定，但其中安全文明施工费必须按照国家或省级、行业建设主管部门的规定计价，不得作为竞争性费用。招标人不得要求投标人对该项费用进行优惠，投标人也不得将该项费用参与市场竞争。

投标报价时总价措施项目清单与计价表的编制示例见表 4-4。

表 4-4　总价措施项目清单与计价表示例（投标报价）

工程名称：某工程　　　　　　　　标段：　　　　　　　　第　页共　页

序号	项目编码	项目名称	计算基础	费率/%	金额/元	调整费率/%	调整后金额/元	备注
		安全文明施工费	定额人工费	25	209 650			
		夜间施工增加费	定额人工费	1.5	12 479			
		二次搬运费	定额人工费	1	8 386			
		冬雨季施工增加费	定额人工费	0.6	5 032			
5	011707007001	已完工程及设备保护费			6 000			
		合计			241 547			

编制人（造价人员）：　　　　　　复核人（造价工程师）：

微课
其他项目清单

（二）其他项目清单与计价汇总表的编制

其他项目费由暂列金额、暂估价、计日工与总承包服务费组成，示例见表 4-5。

表 4-5　其他项目清单与计价汇总表示例（投标报价）

工程名称：某工程　　　　　　　　标段：　　　　　　　　第　页共　页

序号	项目名称	金额/元	结算金额/元	备注
1	暂列金额	350 000		明细详见暂列金额明细表
2	暂估价	200 000		
2.1	材料（工程设备）暂估价/结算价	—		明细详见材料（工程设备）暂估单价表
2.2	专业工程暂估价/结算价	200 000		明细详见专业工程暂估价表
3	计日工	26 528		明细详见计日工表
4	总承包服务费	20 760		明细详见总承包服务费计价表
5				
	合计			

投标人对其他项目费投标报价时应遵循以下原则。

① 暂列金额应按照招标人提供的其他项目清单中列出的金额填写，不得变动，示例见表 4-6。

表 4-6　暂列金额明细表示例（投标报价）

序号	项目名称	计量单位	暂定金额/元	备注
1	自行车棚工程	项	100 000	正在设计图纸
2	工程量偏差与设计变更	项	100 000	
3	政策性调整和材料价格波动	项	100 000	
4	其他	项	50 000	
5	……			
	合计		350 000	

② 暂估价不得变动和更改。招标文件暂估单价表中列出的材料、工程设备必须按

招标人提供的暂估单价计入清单项目的综合单价,示例见表4-7;专业工程暂估价必须按照招标人提供的其他项目清单中列出的金额填写,示例见表4-8。

表4-7　材料(工程设备)暂估单价及调整表示例(投标报价)

工程名称:某工程　　　　　　　　　　　　　标段:　　　　　　　　　　　　第　页共　页

序号	材料(工程设备)名称、规格、型号	计量单位	数量		暂估/元		确认/元		差额±/元		备注
			暂估	确认	单价	合价	单价	合价	单价	合价	
1	钢筋(规格见施工图)	t	200		4 000	800 000					用于现浇钢筋混凝土项目
2	低压开关柜(CGD190380/220V)	台	1		45 000	45 000					用于低压开关柜安装项目
	合计					845 000					

表4-8　专业工程暂估单价及调整表示例　　　　　　　　　　　　单元:元

序号	项目名称	工程内容	暂估金额	结算金额	差额±	备注
1	消防工程	合同图纸中标明的以及消防工程规范和技术说明中规定的各系统中的设备、管道、阀门、线缆等的供应、安装和调试工作	200 000			
	……					
	合计		200 000			

③ 计日工应按照其他项目清单列出的项目和估算的数量,自主确定各项综合单价并计算费用,计日工示例见表4-9。

表4-9　计日工表示例(投标报价)

工程名称:某工程　　　　　　　　　　　　　标段:　　　　　　　　　　　　第　页共　页

编号	项目名称	单位	暂定数量	实际数量	综合单价/元	合价/元	
						暂定	实际
一	人工						
1	普工	工日	100		80	8 000	
2	技工	工日	60		110	6 600	
	……						
	人工小计					14 600	
二	材料						
1	钢筋(规格见施工图)	t	1		4 000	4 000	

续表

编号	项目名称	单位	暂定数量	实际数量	综合单价/元	合价/元 暂定	合价/元 实际
2	水泥42.5	t	2		600	1 200	
3	中砂	m	10		80	800	
4	砾门（5~40mm）	m³	5		42	210	
5	页岩砖（240mm×115mm×53mm）	千匹	1		300	300	
	……						
	材料小计					6 510	
三	施工机具						
1	自升式塔吊起重机	台班	5		550	2 750	
2	灰浆搅拌机（400L）	台班	2		2	40	
	……						
	施工机具小计					2 790	
四	企业管理费和利润　按人工费18%计					2 628	
	总计					26 528	

④ 总承包服务费应根据招标人在招标文件中列出的分包专业工程内容和供应材料、设备情况，按照招标人提出的协调、配合与服务要求和施工现场管理需要自主确定，总承包服务费计价表示例见表4-10。

表4-10　总承包服务费计价表示例（投标报价）

工程名称：某工程　　　　　　　　　　　　　标段：　　　　　　　　　　第　页共　页

序号	项目名称	项目价值/元	服务内容	计算基础	费率/%	金额/元
1	发包人发包专业工程	200 000	① 按专业工程承包人的要求提供施工工作面并对施工现场进行统一管理，对竣工资料进行统一整理汇总。 ② 为专业工程承包人提供垂直运输机械和焊接电源接入点，并承担垂直运输费和电费	项目价值	7	14 000
2	发包人提供材料	845 000	对发包人供应的材料进行验收及保管和使用发放	项目价值	0.8	6 760
			合计			20 760

（三）规费、增值税项目清单与计价表的编制

规费和增值税应按国家或省级、行业建设主管部门的规定计算，不得作为竞争性

费用。这是由于规费和增值税的计取标准是依据有关法律、法规和政策规定制定的，具有强制性。因此投标人在投标报价时必须按照上述有关规定计算规费和增值税。规费、增值税项目清单与计价表的编制示例见表 4-11。

表 4-11   规费、增值税项目清单与计价表示例（投标报价）

工程名称：某工程   标段：   第   页共   页

序号	项目名称	计算基础	计算基数	费率/%	金额/元
1	规费	定额人工费			239 001
1.1	社会保险费	定额人工费	(1)+…+(5)		188 685
(1)	养老保险费	定额人工费		14	117 404
(2)	失业保险费	定额人工费		2	16 772
(3)	医疗保险费	定额人工费		6	50 316
(4)	工伤保险费	定额人工费		0.25	2 096.5
(5)	生育保险费	定额人工费		0.25	2 096.5
1.2	住房公积金	定额人工费		6	50 316
2	增值税	分部分项工程费+措施项目费+其他项目费+规费-按规定不计税的工程设备金额		10	789 296
合计					1 028 297

编制人（造价人员）：   复核人（造价工程师）：

（四）投标报价的汇总

投标人的投标总价应当与组成工程量清单的分部分项工程费、措施项目费、其他项目费和规费、增值税的合计金额一致，即投标人在进行工程量清单招标的投标报价时，不能进行投标总价优惠（或降价、让利），投标人对投标报价的任何优惠（或降价、让利）均应反映在相应清单项目的综合单价中。

施工企业某单位工程投标报价汇总表示例见表 4-12。

表 4-12   投标报价计价汇总表示例   单位：元

序号	汇总内容	金额	其中：暂估价
1	分部分项工程	6 318 410	845 000
…			
0105	混凝土及钢筋混凝土工程	2 432 419	800 000
…			
2	措施项目	738 257	
2.1	其中：安全文明施工费	209 650	
3	其他项目	597 288	
3.1	其中：暂列金额	350 000	
3.2	其中：专业工程暂估价	200 000	
3.3	其中：计日工	26 528	

续表

序号	汇总内容	金额	其中:暂估价
3.4	其中:总承包服务费	20 760	
4	规费	239 001	
5	增值税	789 296	
	投标报价合计 = 1+2+3+4+5	8 682 252	845 000

任务 4.2   控制工程造价

4.2.1   施工招标策划

一、施工招标方式和程序

1. 施工招标方式

根据《中华人民共和国招标投标法》,工程施工招标分为公开招标和邀请招标两种方式。

（1）公开招标

公开招标又称无限竞争性招标,是指招标人按程序,通过报刊、广播、电视、网络等媒体发布招标公告,邀请具备条件的施工承包商投标竞争,然后从中确定中标者并与之签订施工合同的过程。

① 公开招标方式的优点。招标人可以在较广的范围内选择承包商,投标竞争激烈,择优率更高,有利于招标人将工程项目交予可靠的承包商实施,并获得有竞争性的商业报价,同时,也可在较大程度上避免招标过程中的贿标行为。因此,国际上政府采购通常采用这种方式。

② 公开招标方式的缺点。准备招标、对投标申请者进行资格预审和评标的工作量大,招标时间长、费用高。同时,参加竞争的投标者越多,中标的机会就越小;投标风险越大,损失的费用也就越多,而这种费用的损失必然会反映在标价中,最终会由招标人承担,故这种方式在一些国家较少采用。

（2）邀请招标

邀请招标也称有限竞争性招标,是指招标人以投标邀请书的形式邀请预先确定的若干家施工承包商投标竞争,然后从中确定中标者并与之签订施工合同的过程。

采用邀请招标方式时,邀请对象应以 5~10 家为宜,至少不应少于 3 家,否则就失去了竞争意义。

① 邀请招标方式的优点。与公开招标方式相比,邀请招标方式的优点是不发布招标公告,不进行资格预审,简化了招标程序,因而节约了招标费用、缩短了招标时间。而且由于招标人比较了解投标人以往的业绩和履约能力,从而减少了合同履行过程中承包商违约的风险。对于采购标的较小的工程项目,采用邀请招标方式比较有利。

　　此外,有些工程项目的专业性强,有资格承接的潜在投标人较少或者需要在短时间内完成投标任务等,不宜采用公开招标方式的,也应采用邀请招标方式。值得注意的是,尽管采用邀请招标方式时不进行资格预审,但为了体现公平竞争和便于招标人对各投标人的综合能力进行比较,仍要求投标人按招标文件的有关要求,在投标文件中提供有关资质资料,在评标时以资格后审的形式作为评审内容之一。

　　② 邀请招标方式的缺点。由于投标竞争的激烈程度较差,有可能会提高中标合同价;也有可能排除某些在技术上或报价上有竞争力的承包商参与投标。

　　2. 施工招标程序

　　公开招标与邀请招标在程序上主要有两方面的差异:一是使施工承包商获得招标信息的方式不同;二是对投标人资格审查的方式不同。但是,公开招标与邀请招标均要经过招标准备、资格审查与投标、开标评标与授标三个阶段,如表 4-13 所示。

微课
招标工程量清单编制的准备工作

表 4-13　施工招标主要工作内容

阶段	主要工作步骤	主要工作内容	
		招标人	投标人
招标准备	申请审批、核准招标	将施工招标范围、招标方式、招标组织形式报项目审批、核准部门审批、核准	组成投标小组;进行市场调查;准备投标资料;研究投标策略
	组建招标组织	自行建立招标组织或招标代理机构	
	策划招标方案	划分施工标段、确定合同类型	
	招标公告或投标邀请	发布招标公告(及资格预审公告)或发出投标邀请函	
	编制标底或确定最高投标限价	编制标底或确定最高投标限价	
	准备招标文件	编制资格预审文件和招标文件	
资格审查与投标	发售资格预审文件	发售资格预审文件	购买资格预审文件,填报资格预审材料
	进行资格预审	分析评价资格预审材料,确定资格预审合格者通知资格预审结果	回函收到资格预审结果
	发售招标文件	发售招标文件	购买招标文件
	现场踏勘、标前会议	组织现场踏勘和标前会议;进行招标文件的澄清和补遗	参加现场踏勘和标前会议;对招标文件提出质疑
	投标文件的编制、递交和接收	接收投标文件(包括投标保函)	编制投标文件;递交投标文件(包括投标保函)

微课
招标文件的组成内容及其编制要求

微课
招标工程量清单编制内容

微课
资格预审公告的主要内容

续表

阶段	主要工作步骤	主要工作内容	
		招标人	投标人
开标评标与授标	开标	组织开标会议	参加开标会议
	评标	投标文件初评;要求投标人提交澄清资料(必要时);编写评标报告	提交澄清资料(必要时)
	授标	确定中标人;发出中标通知书(退回未中标者的投标保函);进行合同谈判;签订施工合同	进行合同谈判;提交履约保函;签订施工合同

二、施工招标策划

施工招标策划是指建设单位及其委托的招标代理机构在准备招标文件前,根据工程项目特点及潜在投标人情况等确定招标方案。招标策划的好坏,关系到招标的成败,直接影响投标人的投标报价乃至施工合同价。因此,招标策划对于施工招投标过程中的工程造价管理工作起着关键作用。施工招标策划主要包括施工标段划分、合同计价方式及合同类型的选择等内容。

1. 施工标段划分

工程项目施工是一个复杂的系统工程,影响标段划分的因素有很多。应根据工程项目的内容、规模和专业复杂程度确定招标范围,合理划分标段。对于工程规模大、专业复杂的工程项目,建设单位的管理能力有限时,应考虑采用施工总承包的招标方式选择施工队伍。这样有利于减少各专业之间因配合不当造成的窝工、返工、索赔风险。但采用这种承包方式,有可能使工程报价相对较高。对于工艺成熟的一般性项目,涉及专业不多时,可考虑采用平行承包的招标方式,分别选择各专业承包单位并签订施工合同。采用这种承包方式,建设单位一般可得到较为满意的报价,有利于控制工程造价。划分施工标段时,应考虑的因素包括工程特点、对工程造价的影响、承包单位专长的发挥和工地管理等。

(1)工程特点

如果工程场地集中、工程量不大、技术不太复杂,由一家承包单位总包易于管理,则一般不分标。但如果工地场地大、工程量大,有特殊技术要求,则应考虑划分为若干标段。

(2)对工程造价的影响

通常情况下,一项工程由一家施工单位总承包易于管理,同时便于劳动力、材料、设备的调配,因而可得到交底造价。但对于大型、复杂的工程项目,对承包单位的施工能力、施工经验、施工设备等有较高要求。在这种情况下,如果不划分标段,就可能使有资格参加投标的承包单位大大减少。竞争对手的减少,必然会导致工程报价的上涨,反而得不到较为合理的报价。

（3）承包单位专长的发挥

工程项目是由单项工程、单位工程或专业工程组成的，在考虑划分施工标段时，既要考虑不会产生各承包单位施工的交叉干扰，又要注意各承包单位之间在空间和时间上的衔接。

（4）工地管理

从工地管理角度看，分标时应考虑两方面问题：一是工程进度的衔接；二是工地现场的布置和干扰。工程进度的衔接很重要，特别是工程网络计划中关键线路上的项目一定要选择施工水平高、能力强、信誉好的承包单位，以防止影响其他承包单位的进度。从现场布置的角度看，承包单位越少越好。分标时要对几个承包单位在现场的施工场地进行细致周密的安排。

（5）其他因素

除上述因素外，还有许多其他因素影响施工标段的划分，如建设资金、设计图纸供应等。资金不足、图纸分期供应时，可先进行部分招标。

2. 合同计价方式

施工合同中，计价方式可分为总价方式、单价方式和成本加酬金方式三种。相应的施工合同也称为总价合同、单价合同和成本加酬金合同。其中，成本加酬金的计价方式又可根据酬金的计取方式不同，分为百分比酬金、固定酬金、浮动酬金和目标成本加奖罚四种计价方式。不同计价方式合同的比较见表4-14。

表 4-14　不同计价方式合同的比较

合同类型	总价合同	单价合同	成本加酬金合同			
			百分比酬金	固定酬金	浮动酬金	目标成本加奖罚
应用范围	广泛	广泛	有局限性			酌情
建设单位造价控制	易	较易	最难	难	不易	有可能
施工承包单位风险	大	小	基本没有		不大	有

3. 合同类型的选择

施工合同有多种类型。合同类型不同，合同双方的义务和责任不同，各自承担的风险也不尽相同。建设单位应综合考虑以下因素来选择适合的合同类型。

（1）工程项目复杂程度

建设规模大且技术复杂的工程项目，承包风险较大，各项费用不易准确估算，因而不宜采用固定总价合同。最好是对有把握的部分采用固定总价合同，估算不准的部分采用单价合同或成本加酬金合同。有时，在同一施工合同中采用不同的计价方式，是建设单位与施工承包单位合理分担施工风险的有效办法。

（2）工程项目设计深度

工程项目的设计深度是选择合同类型的重要因素。如果已完成工程项目的施工图设计，施工图纸和工程量清单详细而明确，则可选择总价合同；如果实际工程量与预计工程量可能有较大出入,应优先选择单价合同;如果只完成工程项目的初步设计,工程量清单不够明确,则可选择单价合同或成本加酬金合同。

（3）施工技术先进程度

如果在工程施工中有较大部分采用新技术、新工艺,建设单位和施工承包单位对此缺乏经验,又无国家标准,为了避免投标单位盲目地提高承包价款,或由于对施工难度估计不足而导致承包亏损,不宜采用固定总价合同,而应选用成本加酬金合同。

（4）施工工期紧迫程度

对于一些紧急工程（如灾后恢复工程等）,要求尽快开工且工期较紧时,可能仅有实施方案,还没有施工图纸,施工承包单位不可能报出合理的价格,选择成本加酬金合同较为合适。

总之,对于一个工程项目而言,究竟采用何种合同类型不是固定不变的。在同一个工程项目中不同的工程部分或不同阶段,可以采用不同类型的合同。在进行招标策划时,必须依据实际情况,权衡各种利弊,然后再作出最佳决策。

4.2.2　施工合同示范文本

鉴于施工合同的内容复杂、涉及面广,为避免施工合同双方遗漏某些重要条款,或约定的义务和责任不够公平合理,国家有关部门或行业通常会颁布施工合同示范文本,作为规范性、指导性合同文件供选用。

一、国内工程施工合同示范文本

我国工程施工合同示范文本有多种,下面仅介绍《中华人民共和国标准施工招标文件》（2007 年）和《中华人民共和国标准设计施工总承包招标文件》（2012 年）中的合同条款。

1.《中华人民共和国标准施工招标文件》（2007 年）

《中华人民共和国标准施工招标文件》（2007 年）适用于设计和施工不是由同一承包商承担的工程施工招标。其中第四章合同条款及格式中明确了通用合同条款同时适用于单价合同和总价合同。《中华人民共和国标准施工招标文件》（2007 年）合同条款及格式中合同价格和费用的条款如下。

① 签约合同价。签约合同价是指签订合同时合同协议书中写明的,包括暂列金额、暂估价的合同总金额。

② 合同价格。合同价格是指承包人按合同约定完成包括缺陷责任期内的全部承包工作后,发包人应付给承包人的金额,包括在履行合同过程中按合同约定进行的变更、价款调整、通过索赔应予补偿的金额。合同价格也是承包人完成全部承包工作后的工程结算价格。

③ 费用。费用是指为履行合同所发生的或将要发生的所有合理开支,包括管理费和应分摊的其他费用,但不包括利润。

2.《标准设计施工总承包招标文件》

《标准设计施工总承包招标文件》合同条款及格式中合同价格和费用的条款如下。

① 价格清单。价格清单是指构成合同文件组成部分的由承包人按规定格式和要求填写并标明价格的清单。

② 计日工。计日工是指对零星工作采取的一种计价方式,按合同中的计日工子目及其单价计价付款。

③ 质量保证金。质量保证金是指按合同约定用于保证在缺陷责任期内履行缺陷修复义务的金额。

二、国际工程施工合同示范文本

国际上常用的工程施工合同示范文本有国际咨询工程师联合会(FIDIC)编制的各类合同条件;英国土木工程师学会的"ICE 土木工程施工合同条件";英国皇家建筑师学会的"RIBA/JCT 合同条件";美国建筑师学会的"AIA 合同条件";美国总承包商协会的"AGC 合同条件";美国工程师合同文件联合会的"EJCDC 合同条件";美国联邦政府发布的"SF-23A 合同条件"等。其中,以 FIDIC 编制的"土木工程施工合同条件"、英国土木工程师学会的"ICE 土木工程施工合同条件"和美国建筑师学会的"AIA 合同条件"最为流行。下面主要介绍 FIDIC《施工合同条件》(红皮书)的有关内容。

1. FIDIC《施工合同条件》的组成及解释顺序

FIDIC《施工合同条件》适用于土木工程施工的单价合同形式,由通用条件和专用条件两部分组成。

① 通用条件。通用条件包括 21 个方面,即一般规定,业主,工程师,承包商,分包商,职员与劳工,生产设备、材料和工艺,开工、延误及暂停,圓工检验,业主接收,接收后缺陷,计量与估价,变更与调整,合同价格与支付,业主提出终止,承包商提出暂停与终止,工程照管与保障,例外事件,保险,业主和承包商索赔,争端和仲裁。通用条件适用于所有土木工程,条款也非常具体而明确。

② 专用条件。专用条件将结合具体工程的特点和所在地区情况对通用条件进行补充、细化。

③ 合同文件解释顺序。构成 FIDIC 施工合同文件的各个组成部分应能互相说明、互相补充,合同文件解释的优先顺序如下:a. 合同协议书;b. 中标函;c. 投标书;d. 专用条件;e. 通用条件;f. 规范;g. 图纸;h. 资料表和构成合同组成部分的其他文件。

2. FIDIC《施工合同条件》中的(咨询)工程师

(咨询)工程师是指由业主所聘请的咨询公司委派的、直接对业主负责的咨询机构。(咨询)工程师根据施工合同,对工程的质量、进度和费用进行控制和监督,力求工程施工满足合同要求。

FIDIC《施工合同条件》基于以(咨询)工程师为核心的管理模式,因此,在合同条款中明示的(咨询)工程师的权限较大。(咨询)工程师的权力可概括为以下几个方面。

① 工程质量控制。主要表现在对运抵施工现场材料、设备质量进行检查和检验;对承包商施工过程中的工艺操作进行监督;对已完工程部位的质量进行确认或拒收;发布指令要求对不合格工程部位采取补救措施等。

② 工程进度控制。主要表现在审查批准承包商的施工进度计划;指示承包商修改施工进度计划;发布开工令、暂停施工令、复工令和赶工令。

③ 工程付款控制。主要表现在确定变更工程的估价;批准使用暂定金额和计日

工;签发各种付款证书等。

④ 施工合同管理。主要表现在解释合同文件中的矛盾和歧义,批准分包工程(除劳务分包、采购分包及合同中指定的分包商对工程的分包),发布工程变更指令;签发工程接收证书和缺陷责任证书;审核承包商的索赔;行使合同内必然引申的权力等。

4.2.3　施工投标策略

一、用决策树法确定投标项目

施工企业在投标过程中,不可能也没有必要对每一个招标项目花大量的精力准备投标,一般选择部分有把握的项目精心准备投标,确保投标项目的中标率。在选择投标项目时,可采用决策树的方法进行筛选,选择中标概率较大的项目进行投标。

用决策树法确定投标项目的步骤如下。

① 列出准备投标的项目,分析各投标项目的投标策略,绘制出决策树。

② 从右到左计算各机会点上的期望值。

③ 在同一时间点上,对所有投标项目的各投标策略方案进行比较,选择期望值最大的方案作为重点投标项目的最佳投标策略方案。

[例 4-1]　某承包商面临 A、B 两项工程投标,因受本单位资源条件限制,只能选择其中一项工程投标,或者两项工程均不投标。根据过去类似工程投标的经验数据,A 工程投高标的中标概率为 0.3,投低标的中标概率为 0.6,编制投标文件的费用为 3 万元;B 工程投高标的中标概率为 0.4,投低标的中标概率为 0.7,编制投标文件的费用为 2 万元。各方案承包的效果、概率及损益情况如表 4-15 所示。要求:运用决策树法进行投标方案选择。

表 4-15　各方案承包的效果、概率及损益情况

方案	效果	概率	损益值/万元
投 A 工程高标	好	0.3	150
	中	0.5	100
	差	0.2	50
投 A 工程低标	好	0.2	110
	中	0.7	60
	差	0.1	0
投 B 工程高标	好	0.4	110
	中	0.5	70
	差	0.1	30
投 B 工程低标	好	0.2	70
	中	0.5	30
	差	0.3	-10
不投标			0

解:① 画决策树,如图4-2所示,标明各方案的概率和损益值

② 计算各机会点的期望值

点⑥:150×0.3+100×0.5+50×0.2=105(万元)

点⑦:110×0.2+60×0.7+0×0.1=64(万元)

点⑧:110×0.4+70×0.5+30×0.1=82(万元)

点⑨:70×0.2+30×0.5-10×0.3=26(万元)

点①:105×0.3-3×0.7=29.4(万元)

点②:64×0.6-3×0.4=37.2(万元)

点③:82×0.4-2×0.6=31.6(万元)

点④:26×0.7-2×0.3=17.6(万元)

点⑤:0

③ 因为点②的期望值最大,所以应投A工程低标。

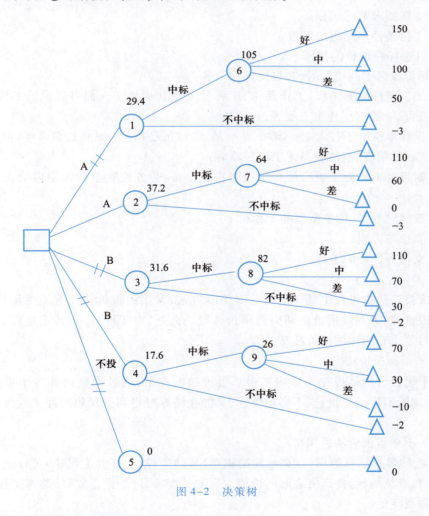

图4-2 决策树

二、施工投标报价策略

投标报价策略是指投标单位在投标竞争中的系统工作部署及参与投标竞争的方

式和手段。对投标单位而言,投标报价策略是投标取胜的重要方式、手段和艺术,投标报价策略可分为基本策略和报价技巧两个层面。

(一) 基本策略

投标报价的基本策略主要是指投标单位应根据招标项目的不同特点,并考虑自身的优势和劣势,选择不同的报价。

1. 可选择报高价的情形

投标单位遇下列情形时,其报价可高一些:

① 施工条件差的工程(如条件艰苦、场地狭小或地处交通要道等);

② 专业要求高的技术密集型工程且投标单位在这方面有专长,声望也较高;

③ 总价低的小工程,以及投标单位不愿做而被邀请投标,又不便不投标的工程;

④ 特殊工程,如港口码头、地下开挖工程等;

⑤ 投标对手少的工程;

⑥ 工期要求紧的工程;

⑦ 支付条件不理想的工程。

2. 可选择报低价的情形

投标单位遇下列情形时,其报价可低一些:

① 施工条件好的工程,工作简单、工程量大而其他投标人都可以做的工程(如大量土方工程、一般房屋建筑工程等);

② 投标单位急于打入某一市场、某一地区,或虽已在某一地区经营多年,但即将面临没有工程的情况,机械设备无工地转移时;

③ 附近有工程而本项目可利用该工程的设备、劳务或有条件短期内突击完成的工程;

④ 投标对手多,竞争激烈的工程;

⑤ 非急需工程;

⑥ 支付条件好的工程。

(二) 报价技巧

报价技巧是指投标中具体采用的对策和方法,常用的报价技巧有不平衡报价法、多方案报价法、无利润报价法和突然降价法等。此外,对于计日工、暂定金额、可供选择的项目等也有相应的报价技巧。

1. 不平衡报价法

不平衡报价法是指在不影响工程总报价的前提下,通过调整内部各个项目的报价,以达到既不提高总报价、不影响中标,又能在结算时得到更理想的经济效益的报价方法。

(1) 不平衡报价法适用情形

① 能够早日结算的项目(如前期措施费、基础工程、土石方工程等)可以适当提高报价,以利资金周转,提高资金时间价值。后期工程项目(如设备安装、装饰工程等)的报价可适当降低。

② 经过工程量核算,预计今后工程量会增加的项目,适当提高单价,这样在最终结算时可多盈利;而对于将来工程量有可能减少的项目,适当降低单价,这样在工程结算

时不会有太大损失。

③ 设计图纸不明确、估计修改后工程量要增加的,可以提高单价;而工程内容说明 不清楚的,则可降低一些单价,在工程实施阶段通过索赔再寻求提高单价的机会。

④ 对暂定项目要做具体分析。暂定项目在开工后由建设单位研究决定是否实施,以及由哪一家承包单位实施。如果工程不分标,不会另由一家承包单位施工,则其中肯定要施工的单价可报高些,不一定要施工的则应报低些。如果工程分标,该暂定项目也可能由其他承包单位施工时,则不宜报高价,以免抬高总报价。

⑤ 单价与包干混合制合同中,招标人要求有些项目采用包干报价时,宜报高价。因为这类项目多半有风险,而且这类项目在完成后可全部按报价结算。对于其余单价项目,则可适当降低报价。

⑥ 有时招标文件要求投标人对工程量大的项目报"综合单价分析表",投标时可将单价分析表中的人工费及机械设备费报得高一些,而材料费报得低一些。这主要是为了在今后补充项目报价时,可以参考选用"综合单价分析表"中较高的人工费和机械费,而材料则往往采用市场价,因而可获得较高的收益。

假设在工程量清单中存在 x 个分项工程可以进行不平衡报价,其工程量为 $A_1, A_2, A_3, \cdots, A_x$,正常报价为 $V_1, V_2, V_3, \cdots, V_x$;在工程量清单中存在 m 个分项工程可以调增工程单价,其工程量为 $B_1, B_2, B_3, \cdots, B_m$,工程单价经不平衡调增为 $P_1, P_2, P_3, \cdots, P_m$;在工程量清单中存在 n 个分项工程可以调减工程单价,其工程量为 $C_1, C_2, C_3, \cdots, C_n$,工程单价经不平衡调减为 $Q_1, Q_2, Q_3, \cdots, Q_n$。则不平衡报价的数学模型如下。

$$\sum_{i=1}^{x} (A_i V_i) = \sum_{i=1}^{m} (B_i P_i) + \sum_{i=1}^{n} (C_i Q_i) \tag{4-11}$$

(2) 不平衡报价的计算步骤

① 分析工程量清单,确定调增工程单价的分项工程项目。例如,根据某招标工程的工程量清单,将早期完成的基础垫层、混凝土满堂基础、混凝土挖孔桩的工程单价适当提高;将清单中工程量少算的外墙花岗岩贴面、不锈钢门安装的工程单价适当提高。

② 分析工程量清单,确定调减工程单价的分项工程项目。根据上述招标工程的工程量清单,将后期完成的混合砂浆抹内墙面、混合砂浆抹顶棚、塑钢窗、屋面保温层的工程单价适当降低;将清单中工程量多算的铝合金卷帘门的工程单价适当降低。

③ 根据数学模型,用不平衡报价计算表分析计算。不平衡报价计算分析示例如表 4-16 所示。

④ 不平衡报价效果分析。不平衡报价效果分析示例如表 4-17 所示。

通过上述分析可以看出,该项目实行不平衡报价后,比平衡报价增加了 157 711.92 元(7 130.51+150 581.41)的工程直接费,比平衡报价直接费提高了 12.5%(157 711.92÷1 261 516.13×100%),其效果是显著的。

表 4-16　不平衡报价计算分析示例

序号	项目名称	单位	平衡报价			不平衡报价			差额/元 (3)=(2)-(1)
			工程量	工程单价/元	合价/元 (1)	工程量	工程单价/元	合价/元 (2)	
1	C15 混凝土挖孔桩护壁	m³	303.60	272.63	82 770.47	303.60	299.44	90 909.98	8 139.52
2	C20 挖孔桩桩芯	m³	1 079.90	194.61	210 159.34	1 079.90	220.65	238 279.94	28 120.60
3	C10 混凝土基础垫层	m³	139.69	169.2	23 635.55	139.69	186.07	25 992.12	2 356.57
4	C20 混凝土满堂基础	m³	2 016.81	196.64	396 585.52	2 016.81	216.31	436 256.17	39 670.65
5	不锈钢门安装	m²	265.72	237.47	63 100.53	265.72	247.17	65 678.01	2 577.48
6	花岗石贴外墙面	m²	77.35	377	29 160.95	77.35	486.55	37 634.64	8 473.69
7	混合砂浆抹内墙面	m²	13 685.00	6.71	91 826.35	13 685.00	5.88	80 467.80	−11 358.55
8	混合砂浆抹顶棚	m²	8 016.00	6.01	48 176.16	8 016.00	4.98	39 919.68	−8 256.48
9	铝塑钢材安装	m²	981.00	216	211 896.00	981.00	179.51	176 099.31	−35 796.69
10	屋面珍珠岩混凝土保温层	m³	285.41	212.46	60 638.21	285.41	139.31	39 760.47	−20 877.74
11	铝合金卷帘门	m²	235.50	185	43 567.50	235.50	129.59	30 518.45	−13 049.06
	小计				1 261 516.57			1 261 516.57	0.00

表 4-17　不平衡报价效果分析表

早期施工项目		
项目名称	提高工程单价后可多结算费用/元	多结算费用带来利润收入(10%)/元
C15 混凝土挖孔桩护壁	8 139.52	813.95
C20 挖孔桩桩芯	28 120.60	2 812.06
C10 混凝土基础垫层	2 356.57	235.66
C20 混凝土满堂基础	39 670.65	3 967.07
合计		7 828.73

预计工程量增加项目						
项目名称	预计增加工程量/m²	平衡报价金额/元		不平衡报价金额/元		增加金额/元
		工程单价	小计	工程单价	小计	
不锈钢门安装	105.00	237.47	24 934.35	247.17	25 952.85	1 018.50
花岗石贴外墙面	334.00	377.00	125 918.00	486.55	162 507.70	36 589.70
合计						37 608.20

比平衡报价增加:45 436.93

比平衡报价提高:3.60%

[例 4-2]　某承包商参与某高层商用办公楼土建工程的投标(安装工程由业主另行招标)。为了既不影响中标,又能在中标后取得较好的收益,决定采用不平衡报价法对原估价做适当调整,如表 4-18 所示。

表 4-18　某投标工程调整前和调整后的投标价　　单位:万元

比较项目	桩基围护工程	主体结构工程	装饰工程	总价
调整前(投标估价)	1 480	6 600	7 200	15 280
调整后(正式报价)	1 600	7 200	6 480	15 280

现假设桩基围护工程、主体结构工程、装饰工程的工期分别为 4 个月、12 个月、8 个月,贷款月利率为 1%,并假设各分部工程每月完成的工作量相同且能按月度及时收到工程款(不考虑工程款结算所需要的时间)。要求:计算采用不平衡报价法后,该承包商所得工程款的现值比原估价增加多少(以开工日期为折现点)?

解:① 计算单价调整前的工程款现值

桩基围护工程每月工程款 $= 1\,480 \div 4 = 370$(万元)

主体结构工程每月工程款 $= 6\,600 \div 12 = 550$(万元)

装饰工程每月工程款 $= 7\,200 \div 8 = 900$(万元)

单价调整前的工程款现值 $= 370(P/A,1\%,4) + 550(P/A,1\%,12)(P/F,1\%,4) + 900(P/A,1\%,8)(P/F,1\%,16) = 13\,265.45$(万元)

② 计算单价调整后的工程款现值

桩基围护工程每月工程款 $= 1\,600 \div 4 = 400$(万元)

主体结构工程每月工程款 $= 7\,200 \div 12 = 600$(万元)

装饰工程每月工程款 $= 6\,480 \div 8 = 810$(万元)

单价调整后的工程款现值 $= 400(P/A,1\%,4) + 600(P/A,1\%,12)(P/F,1\%,4) + 810(P/A,1\%,8)(P/F,1\%,16) = 13\,336.04$(万元)

③ 两者的差额 $= 13\,336.04 - 13\,265.45 = 70.59$(万元)

所以采用不平衡报价法后,该承包商所得工程款的现值比原估价增加 70.59 万元。

2. 多方案报价法

多方案报价法是指在投标文件中报两个价:一个是依据招标文件条件的报价;另一个是加注解的报价,即如果某条款做某些改动,报价可降低多少。这样,可降低总报价,吸引招标人。

多方案报价法适用于招标文件中的工程范围不很明确,条款不很清楚或很不公正,或技术规范要求过于苛刻的工程。采用多方案报价法,可降低投标风险,但投标工作量较大。

3. 无利润报价法

对于缺乏竞争优势的承包单位,在不得已时可采用根本不考虑利润的报价方法,以获得中标机会。无利润报价法通常在下列情形时采用。

① 有可能在中标后,将大部分工程分包给索价较低的一些分包商。

② 对于分期建设的工程项目,先以低价获得首期工程,而后赢得机会创造第二期工程中的竞争优势,并在以后的工程实施中获得盈利。

③ 较长时期内,投标单位没有在建工程项目,如果再不中标,就难以维持生存。因此,虽然本工程无利可图,但只要能有一定的管理费维持公司的日常运转,就可设法渡过暂时难关,以图将来再创辉煌。

4. 突然降价法

突然降价法是指先按一般情况报价或表现出自己对该工程兴趣不大,等快到投标截止时,再突然降价。采用突然降价法,可以迷惑对手,提高中标概率。但对投标单位的分析判断和决策能力要求很高,要求投标单位能全面掌握和分析信息,做出正确判断。

5. 其他报价技巧

针对计日工、暂定金额、可供选择的项目使用不同的报价手段,以此获得更高收益。同时,投标报价中附带优惠条件也是一种行之有效的手段。此外,投标单位可采用分包商的报价,将分包商的利益与自己捆绑在一起,不但可以防治分包商事后反悔和涨价,还能迫使分包商报出较合理的价格,以便共同争取中标。

4.2.4　施工评标与授标

一、评标委员会及其组建

根据《评标委员会和评标方法暂行规定》(七部委令第 12 号),评标委员会由招标单位负责组建。评标委员会成员名单一般应于开标前确定,并应在中标结果确定前保密。

1. 评标委员会的组成

评标委员会由招标单位或其委托的招标代理机构熟悉相关业务的代表,以及有关技术、经济等方面的专家组成,成员人数为五人以上单数,其中,技术、经济等方面的专家不得少于成员总数的 2/3。评标委员会设负责人的,评标委员会负责人由评标委员会成员推举产生或者由招标单位确定。评标委员会负责人与评标委员会的其他成员有同等的表决权。

2. 评标委员会中专家成员的确定

评标委员会的专家成员应当从省级以上人民政府有关部门提供的专家名册或者招标代理机构专家库中的相关专家名单中确定。评标专家的确定,可采取随机抽取或直接确定的方式。一般项目,可采取随机抽取的方式;技术特别复杂、专业性强或国家有特殊要求的招标项目,采取随机抽取方式确定的专家难以胜任的,可由招标单位直接确定。

二、评标准备与初步评审

1. 评标准备

评标委员会成员应当编制供评标使用的相应表格,认真研究招标文件,至少应了解和熟悉以下内容。

① 招标的目标。

② 招标项目的范围和性质。

③ 招标文件中规定的主要技术要求、标准和商务条款。

④ 招标文件规定的评标标准、评标方法和在评标过程中考虑的相关因素。

招标单位或其委托的招标代理机构应当向评标委员会提供评标所需的重要信息和数据。招标项目设有标底的,标底应保密,并在开标时公布,评标时,标底仅作为参考,不得以投标报价是否接近标底作为中标条件,也不得以投标报价超过标底上下浮动范围作为否决投标的条件。

评标委员会应根据招标文件规定的评标标准和方法,对投标文件进行系统的评审和比较。招标文件没有规定的标准和方法不得作为评标的依据。因此,了解招标文件规定的评标标准和方法,也是评标委员会成员应完成的重要准备工作。

2. 初步评审

根据《中华人民共和国标准施工招标文件》(2007 年),初步评审属于对投标文件的合格性审查,包括投标文件的形式审查、投标人的资格审查、投标文件对招标文件的响应性审查以及施工组织设计和项目管理机构设置的合理性审查等四个方面。

(1) 投标文件的形式审查

投标文件的形式审查包括以下内容。

① 提交的营业执照、资质证书、安全生产许可证是否与投标单位的名称一致。

② 投标函是否经法定代表人或其委托代理人签字并加盖单位章。

③ 投标文件的格式是否符合招标文件的要求。

④ 联合体投标人是否提交了联合体协议书,联合体的成员组成与资格预审的成员组成有无变化;联合体协议书的内容是否与招标文件要求一致。

⑤ 报价的唯一性。不允许投标单位以优惠的方式,提出如果中标可将合同价降低多少的承诺。这种优惠属于一个投标两个报价。

(2) 投标人的资格审查

对于未进行资格预审的,需要进行资格后审,资格审查的内容和方法与资格预审相同,包括以下内容。

① 营业执照、资质证书、安全生产许可证等资格证明文件的有效性。

② 企业财务状况。

③ 类似项目业绩。

④ 信誉。

⑤ 项目经理。

⑥ 正在施工和承接的项目情况。

⑦ 近年发生的诉讼及仲裁情况。

⑧ 联合体投标的申请人提交联合体协议书的情况等。

(3) 投标文件对招标文件的响应性审查

投标文件对招标文件的响应性审查包括以下内容。

① 投标内容是否与投标人须知中的工程或标段一致,不允许只投招标范围内的部分专业工程或单位工程的施工。

② 投标工期应满足投标人须知中的要求,承诺的工期可以比招标工期短,但不得超过要求的时间。

③ 工程质量的承诺和质量管理体系应满足要求。

④ 提交的投标保证金形式和金额是否符合投标须知的规定。

⑤ 投标人是否完全接受招标文件中的合同条款,如果有修改建议的话,不得对双方的权利、义务有实质性背离且是否为招标单位所接受。

⑥ 核查已标价的工程量清单。如果有计算错误,单价金额小数点有明显错误的除外,总价金额与依据单价计算出的结果不一致时,以单价金额为准修正总价;若是书写错误,当投标文件中的大写金额与小写金额不一致时,以大写金额为准。评标委员会对投标报价的错误予以修正后,请投标单位书面确认,作为投标报价的金额。投标单位不接受修正价格的,其投标作废标处理。

⑦ 投标文件是否对招标文件中的技术标准和要求提出不同意见。

(4)施工组织设计和项目管理机构设置的合理性审查

施工组织设计和项目管理机构设置的合理性审查包括以下内容。

① 施工组织的合理性。包括施工方案与技术措施;质量管理体系与措施;安全生产管理体系与措施;环境保护管理体系与措施等的合理性和有效性。

② 施工进度计划的合理性。包括总体工程进度计划和关键部位里程碑工期的合理性及施工措施的可靠性;机械和人力资源配备计划的有效性及均衡施工程度。

③ 项目组织机构的合理性。包括技术负责人的经验和组织管理能力;其他主要人员的配置是否满足实施招标工程的需要及技术和管理能力。

④ 拟投入施工的机械和设备。包括施工设备的数量、型号能否满足施工的需要;试验、检测仪器设备是否能够满足招标文件的要求等。

初步评审内容中,投标文件有一项不符合规定的评审标准时,即作废标处理。

3. 投标文件的澄清和说明

评标委员会可以书面方式要求投标单位对投标文件中含义不明确的内容做必要的澄清、说明或补正,但是澄清、说明或补正不得超出投标文件的范围或者改变投标文件的实质性内容。

投标人资格条件不符合国家有关规定和招标文件要求的,或者拒不按照要求对投标文件进行澄清、说明或者补正的,评标委员会可以否决其投标。

评标委员会发现投标单位的报价明显低于其他投标报价或者在设有标底时明显低于标底,使得其投标报价可能低于其个别成本的,应当要求该投标单位作出书面说明并提供相关证明材料。投标单位不能合理说明或者不能提供相关证明材料的,由评标委员会认定该投标单位以低于成本报价竞标,其投标应做废标处理。

4. 投标偏差及其处理

评标委员会应当根据招标文件,审查并逐项列出投标文件的全部投标偏差。投标偏差分为重大偏差和细微偏差。

(1)重大偏差

下列情况属于重大偏差:

① 没有按照招标文件要求提供投标担保或者所提供的投标担保有瑕疵;

② 投标文件没有投标单位授权代表签字和加盖公章;

③ 投标文件载明的招标项目完成期限超过招标文件规定的期限;

④ 明显不符合技术规格、技术标准的要求;

⑤ 投标文件载明的货物包装方式、检验标准和方法等不符合招标文件的要求;

⑥ 投标文件附有招标单位不能接受的条件；

⑦ 不符合招标文件中规定的其他实质性要求。

投标文件有上述情形之一的，为未能对招标文件作出实质性响应，除招标文件对重大偏差另有规定外，应做废标处理。

（2）细微偏差

细微偏差是指投标文件在实质上响应招标文件要求，但在个别地方存在漏项或者提供了不完整的技术信息和数据等情况，并且补正这些遗漏或者不完整信息不会对其他投标单位造成不公平的结果。细微偏差不影响投标文件的有效性。

评标委员会应当书面要求存在细微偏差的投标单位在评标结束前予以补正。拒不补正的，在详细评审时可以对细微偏差作不利于该投标单位的量化，量化标准应在招标文件中规定。

三、详细评审

经初步评审合格的投标文件，评标委员会应根据招标文件确定的评标标准和方法对其技术部分和商务部分做进一步评审、比较。通常情况下，评标方法有两种，即经评审的最低投标价法和综合评估法。

1. 经评审的最低投标价法

（1）适用范围

经评审的最低投标价法一般适用于采用通用技术施工，项目的性能标准为规范中的一般水平，或者招标单位对施工没有特殊要求的招标项目，能够满足招标文件的实质性要求，并经评审的最低投标价的投标，应当推荐为中标候选人。

（2）评审标准及规定

采用经评审的最低投标价法时，评标委员会应根据招标文件中规定的量化因素和标准进行价格折算，对所有投标单位的投标报价以及投标文件的商务部分做必要的价格调整。根据《中华人民共和国标准施工招标文件》（2007 年），主要的量化因素包括单价遗漏和付款条件等，招标单位可根据工程项目的具体特点和实际需要，进一步删减、补充或细化量化因素和标准。另如世界银行贷款项目，采用经评审的最低投标价法时，通常考虑的量化因素和标准包括一定条件下的优惠（借款国国内投标单位有7.5% 的评标优惠）；工期提前的效益对报价的修正；同时投多个标段的评标修正等。所有的这些修正因素都应在招标文件中有明确规定。对同时投多个标段的评标修正，一般的做法是，如果投标单位在某一个标段已中标，则在其他标段的评标中按照招标文件规定的百分比（通常为 4%）乘以总报价后，在评标价中扣减此值。

根据经评审的最低投标价法完成详细评审后，评标委员会应当拟定一份"价格比较一览表"，连同书面评标报告提交招标单位。"价格比较一览表"应当载明投标单位的投标报价、对商务偏差的价格调整和说明以及已评审的最终投标价。

评标委员会按照经评审的投标价由低到高的顺序推荐中标候选人，或根据招标单位授权直接确定中标单位。经评审的投标价相等时，投标报价低的优先；投标报价也相等的，由招标单位自行确定。

[例 4-3] 某建设单位对拟建项目进行公开招标，现有 6 个单位通过资格预审领取招标文件，编写投标文件并在规定时间内向招标方递交了投标文件。各投标单位投

标文件的报价和工期如表 4-19 所示。

表 4-19　各投标单位投标文件的报价和工期

投标人	A	B	C	D	E	F
投标报价/万元	3 684.3	3 000	2 760	2 700	3 100	2 807.5
计划工期/月	12	14	15	14	12	12

招标文件中规定：① 项目计划工期为 15 个月，投标人实际工期比计划工期减少 1 个月，则在其投标报价中减少 50 万元（不考虑资金时间价值条件下）。② 该项目招标控制价为 3 500 万元。

要求：假定 6 个投标人技术标得分情况基本相同，不考虑资金时间价值，按照经评审的最低报价法确定中标人顺序。

解：投标人 A 投标报价为 3 684.3 万元，超过了招标控制价（3 500 万元），A 投标项目为废标；其余投标项目的投标报价均未超出招标控制价，B、C、D、E、F 投标项目均为有效标。

如经评审后，B、C、D、E、F 投标项目报价组成均符合评审要求时，则：

B 投标项目经评审的报价 = 3 000-(15-14)×50 = 2 950（万元）

C 投标项目经评审的报价 = 2 760（万元）

D 投标项目经评审的报价 = 2 700-(15-14)×50 = 2 650（万元）

E 投标项目经评审的报价 = 3 100-(15-12)×50 = 2 950（万元）

F 投标项目经评审的报价 = 2 807.5-(15-12)×50 = 2 657.5（万元）

在不考虑资金时间价值的条件下，采用经评审的最低报价中标原则确定中标人顺序为 D、F、C、B(E)。

2. 综合评估法

综合评估法是指将各个评审因素（包括技术部分和商务部分）以折算为货币或打分的方法进行量化，并在招标文件中明确规定需量化的因素及其权重，然后由评标委员会计算出每一投标的综合评估价或综合评估分，并将最大限度地满足招标文件中规定的各项综合评价标准的投标，推荐为中标候选人。

（1）适用范围

不宜采用经评审的最低投标价法的招标项目，一般应当采取综合评估法进行评审。综合评估法适用于较复杂工程项目的评标，由于工程投资额大、工期长、技术复杂、涉及专业面广、施工过程中存在较多的不确定因素，因此，对投标文件评审比较的主导思想是选择价格功能比最好的投标单位，而不过分偏重于投标价格的高低。

（2）分值构成与评分标准

综合评估法下评标分值构成分为四个方面，即施工组织设计、项目管理机构、投标报价、其他评分因素。总计分值为 100 分。各方面所占比例和具体分值由招标人自行确定，并在招标文件中明确载明。上述的四个方面标准具体评分因素如表 4-20 所示。

表 4-20　综合评估法下的评分因素和评分标准

分值构成	评分因素	评分标准
施工组织设计	内容完整性和编制水平	……
	施工方案与技术措施	……
	质量管理体系与措施	……
	安全管理体系与措施	……
	环境保护管理体系与措施	……
	工程进度计划与措施	……
	资源配备计划	……
项目管理机构	项目经理任职资格与业绩	……
	技术责任人任职资格与业绩	……
	其他主要人员	……
投标报价	偏差率	……
	……	……
其他评分因素	……	……

各评分因素的权重由招标人自行确定。例如,可设定施工组织设计占 25 分,项目管理机构占 10 分,投标报价占 60 分,其他评分因素占 5 分。施工组织设计部分可进一步细分为内容完整性和编制水平 2 分,施工方案与技术措施 12 分,质量管理体系与措施 2 分,安全管理系统与措施 3 分,环境保护管理体系与措施 3 分,工程进度计划与措施 2 分,资源配备计划 1 分等。

各评分因素的标准由招标人自行确定。例如,对施工组织设计中的施工方案与技术措施可规定如下的评分标准。

① 施工方案及施工方法先进可行,技术措施针对工程质量、工期和施工安全生产有充分保障 11 ~ 12 分。

② 施工方案先进,方法可行,技术措施针对工程质量、工期和施工安全生产有保障 8 ~ 10 分。

③ 施工方案及施工方法可行,技术措施针对工程质量、工期和施工安全生产基本有保障 6 ~ 7 分。

④ 施工方案及施工方法基本可行,技术措施针对工程质量、工期和施工安全生产基本有保障 1 ~ 5 分。

采用打分法时,评标委员会按规定的评分标准进行打分,并按得分由高到低顺序推荐中标候选人,或根据招标单位授权直接确定中标单位。综合评分相等时,以投标报价低的优先;投标报价也相等的,由招标单位自行确定。

根据综合评估法完成评标后,评标委员会应当拟定一份"综合评估比较表",连同书面评标报告提交招标单位。"综合评估比较表"应当载明投标单位的投标报价、所做的任何修正、对商务偏差的调整、对技术偏差的调整、对各评审因素的评估以及对每一投标的最终评审结果。

[例 4-4]　某大型工程,由于技术难度较大,工期较紧,业主邀请了 3 家国有一级

施工企业参加投标,并预先与咨询单位和该 3 家施工单位共同研究确定了施工方案。3 家施工企业按规定分别报送了技术标和商务标。经招标领导小组研究确定的评标规定如下。

① 技术标总分为 30 分,其中施工方案 10 分(因已确定施工方案,各投标单位均得 10 分)、施工总工期 10 分、工程质量 10 分。满足业主总工期要求(36 个月)者得 4 分,每提前 1 个月加 1 分,不满足者不得分。自报工程质量合格者得 2 分,自报工程质量优良者得 4 分(若实际工程质量未达到优良,将扣罚合同价的 2%),自报工程质量有奖罚措施者得 2 分,近三年内获鲁班工程奖每项加 2 分,获省优工程奖每项加 1 分。

② 商务标总分为 70 分。本项目招标控制价为 36 000 万元。假定 3 家单位的投标报价均符合评审要求。项目评标方法采用比例法。各投标单位的有关数据资料如表 4-21 所示。

表 4-21　各投标单位的有关数据资料

投标单位	报价/万元	总工期/月	自报工程质量	质量奖罚措施	鲁班工程奖	省优工程奖
A	35 642	33	优良	有	1	1
B	34 364	31	优良	有	0	2
C	33 867	32	合格	有	0	1

要求:用综合评分法确定中标单位。

解:① 计算各投标单位技术标得分,如表 4-22 所示。

表 4-22　各投标单位技术标得分

投标单位	施工方案	总工期	工程质量	合计得分
A	10	4+(36-33)×1=7	4+2+2+1=9	26
B	10	4+(36-31)×1=9	4+2+1×2=8	27
C	10	4+(36-32)×1=8	2+2+1=5	23

② 计算各投标单位商务标得分:

A 投标单位商务标得分 $=70×[1-(35\ 642-33\ 867)÷33\ 867]=66.33$(分)

B 投标单位商务标得分 $=70×[1-(34\ 364-33\ 867)÷33\ 867]=68.97$(分)

C 投标单位商务标得分 $=70×[1-(33\ 867-33\ 867)÷33\ 867]=70$(分)

③ 计算各投标单位综合得分:

A 投标单位综合得分 $=26+66.33=92.33$(分)

B 投标单位综合得分 $=27+68.97=95.97$(分)

C 投标单位综合得分 $=23+70=93$(分)

因为 B 投标单位综合得分最高,所以 B 投标单位为中标单位。

四、评标报告

除招标单位授权直接确定中标单位外,评标委员会完成评标后,应当向招标单位提交书面评标报告,并抄送有关行政监督部门。评标报告应如实记载以下内容。

① 基本情况和数据表。

② 评标委员会成员名单。

③ 开标记录。

④ 符合要求的投标一览表。

⑤ 废标情况说明。

⑥ 评标标准、评标方法或者评标因素一览表。

⑦ 经评审的价格或者评分比较一览表。

⑧ 经评审的投标单位排序。

⑨ 推荐的中标候选人名单与签订合同前要处理的事宜。

⑩ 澄清、说明、补正事项纪要。

评标报告应由评标委员会全体成员签字。对评标结果有不同意见的评标委员会成员应以书面形式说明其不同意见和理由，评标报告应注明该不同意见。评标委员会成员拒绝在评标报告上签字又不书面说明其不同意见和理由的，视为同意评标结果。

五、授标

1. 中标单位的确定

对使用国有资金投资或者国家融资的项目，招标单位应确定排名第一的中标候选人为中标单位。排名第一的中标候选人放弃中标、因不可抗力提出不能履行合同，或者招标文件规定应当提交履约保证金而在规定的期限内未能提交的，招标单位可确定排名第二的中标候选人为中标单位。排名第二的中标候选人因上述同样原因不能签订合同的，招标单位可以确定排名第三的中标候选人为中标单位。

招标单位也可授权评标委员会直接确定中标单位。

2. 中标通知

中标单位确定后，招标单位应向中标单位发出中标通知书，并同时将中标结果通知所有未中标的投标单位。中标通知书对招标单位和中标单位具有法律效力。中标通知书发出后，招标单位改变中标结果，或者中标单位放弃中标项目的，应当依法承担法律责任。

六、签订施工合同

1. 履约担保

在签订合同前，中标单位以及联合体中标人应按招标文件规定的金额、担保形式和履约担保格式，向招标单位提交履约担保。履约担保一般采用银行保函和履约担保书的形式，履约担保金额一般为中标价的 10% 。中标单位不能按要求提交履约担保的，视为放弃中标，其投标保证金不予退还，给招标单位造成的损失超过投标保证金数额的，中标单位还应对超过部分予以赔偿。中标后的承包商应保证其履约担保在建设单位颁发工程接收证书前一直有效。建设单位应在工程接收证书颁发后 28 天内将履约担保退还给承包商。

2. 签订合同

招标单位与中标单位应自中标通知书发出之日起 30 天内，根据招标文件和中标单位的投标文件订立书面合同。一般情况下，中标价就是合同价。招标单位与中标单位不得再行订立背离合同实质性内容的其他协议。

为了在施工合同履行过程中对工程造价实施有效管理，合同双方应在合同条款中对涉及工程价款结算的下列事项进行约定：

① 预付工程款的数额、支付时限及抵扣方式；

② 工程进度款的支付方式、数额及时限；

③ 工程施工中发生变更时，工程价款的调整方法、索赔方式、时限要求及金额支付方式发生工程价款纠纷的解决方法；

④ 约定承担风险的范围和幅度，以及超出约定范围和幅度的调整办法；

⑤ 工程竣工价款的结算与支付方式、数额及时限，工程质量保证（保修）金的数额、预扣方式及时限；

⑥ 安全措施和意外伤害保险费用；

⑦ 工期及工期提前或延后的奖惩办法；

⑧ 与履行合同、支付价款相关的担保事项等。

中标单位无正当理由拒签合同的，招标单位取消其中标资格，其投标保证金不予退还；给招标单位造成的损失超过投标保证金数额的，中标单位还应对超过部分予以赔偿。发出中标通知书后，招标单位无正当理由拒签合同的，招标单位向中标单位退还投标保证金；给中标单位造成损失的，还应当赔偿损失。招标单位与中标单位签订合同后 5 个工作日内，应当向中标单位和未中标的投标单位退还投标保证金。

复习题

1. 思考题

（1）最高投标限价的编制内容有哪些？

（2）投标报价的编制依据有哪些？

（3）简述施工投标报价的基本策略。

（4）哪些情况适用于报高价？

（5）哪些情况适用于报低价？

（6）报价技巧有哪些？

2. 案例题

（1）某承包商经研究决定参与某工程投标。根据过去类似工程投标经验，拟投高、中、低三个报价方案的中标概率分别为 0.3、0.6、0.9。编制投标文件的费用为 5 万元。该工程投高、中、低三个报价方案的效果、中标概率和利润情况如表 4-23 所示。

表 4-23   该工程投高、中、低三个报价方案的效果、概率和利润情况

方案	效果	中标概率	利润/万元
高标	好	0.6	150
	差	0.4	123
中标	好	0.6	105
	差	0.4	78
低标	好	0.6	60
	差	0.4	33

要求：运用决策树方法判断该承包商应按哪个方案投标？

（2）某建设项目实行公开招标，经资格预审 5 家单位参加投标，招标方确定的评标原则如下。

采取综合评估法选择综合分值最高单位为中标单位。评标中，技术性评分占总分的 40%，投标报价占 60%。技术性评分中包括施工工期、施工方案、质量保证措施、企业信誉四项内容各 10 分。

计划工期为 40 个月，施工工期基本得 5 分，每减少一个月加 0.5 分，超过 40 个月为废标。

该项目招标控制价为 6 200 万元。假定 5 家单位的投标报价均符合评审要求。以经评审的最低投标价作为投标基准价，投标报价得分采用比例法计算。

企业信誉评分原则：通过资格预审的投标单位基本分为 5 分；如有省级或以上获奖工程的，加 3 分；如近三年来承建过类似工程并获好评的，加 2 分。各投标单位相关数据如表 4-24 所示。

表 4-24　各投标单位相关数据

投标单位	报价/万元	工期/月	省级或以上工程获奖	近三年承建类似工程	施工方案得分	质保措施得分
A	5 970	36	有	无	8.5	9.0
B	5 880	37	无	有	8.0	8.5
C	5 850	34	有	有	7.5	8.0
D	6 150	38	无	有	9.5	8.5
E	6 090	35	无	无	9.0	8.0

要求：采用综合评估法确定中标人。

项目 5

实施阶段造价控制

学习重点

1. 预付款及期中支付。
2. 资金使用计划的编制。
3. 工程变更与索赔管理。

相关政策法规

《建设工程施工合同(示范文本)》(GF—2017—0201)。
《FIDIC 土木工程施工分包合同条件》
《建设工程工程量清单计价规范》(GB 50500—2013)。
《建设项目工程结算编审规程》(CECA/GC 3—2010)。
《建设工程价款结算暂行办法》(财建〔2004〕369 号)。

任务 5.1　确定工程造价

5.1.1　建设项目施工阶段与工程造价的关系

微课
施工阶段工程造价
控制概述(一)

建设项目经批准开工,项目便进入实施阶段,这是项目决策实施、建成投产发挥效益的关键环节。工程实施是使工程设计意图最终实现并形成工程实体的阶段,也是最终形成工程产品质量和工程使用价值的重要阶段。

微课
施工阶段工程造价
控制概述(二)

微课
施工阶段工程造价
控制概述(三)

在整个建设过程,从造价的角度分析项目各阶段投入的资金(不含土地费)和造价变动可能,如图 5-1 所示,从图 5-1 中可以清楚地看到,实施阶段消耗了大量的人、材、物等资源,花费了大量的造价,建设项目的造价主要发生在实施阶段,在这一阶段中,造价目标都已经非常明确,造价分解也比较深入、可靠,尽管节约造价的可能性已经很小,但浪费造价的可能性却很大,因而要在这个阶段对造价控制给予足够的重视。

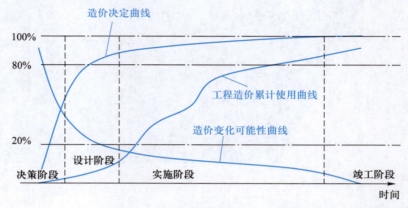

图 5-1　建设项目各阶段的造价发生及影响

5.1.2　工程计量

发包人支付工程价款的前提工作是对承包人已经完成的合格工程进行计量并予以确认,因此工程计量不仅是发包人控制施工阶段工程造价的关键环节,也是约束承包人履行合同义务的重要手段。

一、工程计量的原则与范围

1. 工程计量的概念

工程计量是发承包双方根据合同约定,对承包人完成合同工程数量进行的计算和确认。具体地说,就是双方根据设计图纸、技术规范以及施工合同约定的计量方式和计算方式,对承包人已经完成的质量合格的工程实体数量进行测量与计算,并以物理计量单位或自然计量单位进行标识、确认的过程。

招标工程量清单中所列的数量,通常是根据招标时设计图纸计算的数量,是发包人对合同工程的估计工程量。工程施工过程中,通常会由于一些原因导致承包人实际完成工程量与工程量清单中所列工程量的不一致,如招标工程量清单缺项或项目特征描述与实际不符,工程变更,现场施工条件的变化,现场签证,暂估价中的专业工程发包等。因此在工程合同价款结算前,必须对承包人履行合同义务所完成的实际工程进行准确的计量。

2. 工程计量的原则

工程计量的原则包括下列三个方面。

① 不符合合同文件要求的工程不予计量。工程必须满足设计图纸、技术规范等合

同文件对其在工程质量上的要求,同时有关的工程质量验收资料齐全、手续完备,满足合同文件对其在工程管理上的要求。

②按合同文件所规定的方法、范围、内容和单位计量。工程计量的方法、范围、内容和单位受合同文件约束,其中工程量清单(说明)、技术规范、合同条款均会从不同角度、不同侧面涉及这方面的内容。在计量中要严格遵循这些文件的规定,并且一定要结合起来使用。

③因承包人原因造成的超出合同工程范围施工或返工的工程量,发包人不予计量。

3. 工程计量的范围

工程计量的范围包括工程量清单及工程变更所修订的工程量清单的内容以及合同文件中规定的各种费用支付项目,如费用索赔、各种预付款、价格调整、违约金等。

4. 工程计量的依据

工程计量的依据包括工程量清单及说明、合同图纸、工程变更令及其修订的工程量清单、合同条件、技术规范、有关计量的补充协议、质量合格证书等。

二、工程计量的方法

工程量必须按照相关专业工程工程量计算规范规定的工程量计算规则计算。工程计量可选择按月或按工程形象进度分段计量,具体计量周期在合同中约定。因承包人原因造成的超出合同工程范围施工或返工的工程量,发包人不予计量。通常区分单价合同和总价合同规定不同的计量方法,成本加酬金合同按照单价合同的计量规定进行计量。

1. 单价合同计量

单价合同工程量必须以承包人完成合同工程应予计量的,按照专业工程工程量计算规范规定的工程量计算规则计算得到的工程量确定。施工中工程计量时,若发现招标工程量清单中出现缺项、工程量偏差,或因工程变更引起工程量的增减,应按承包人在履行合同义务中完成的工程量计算。

2. 总价合同计量

采用工程量清单方式招标形成的总价合同,工程量应按照与单价合同相同的方式计算。采用经审定批准的施工图纸及其预算方式发包形成的总价合同。除按照工程变更规定引起的工程量增减外,总价合同各项目的工程量是承包人用于结算的最终工程量。总价合同约定的项目计量应以合同工程经审定批准的施工图纸为依据,发承包双方应在合同中约定工程计量的形象目标或时间节点进行计量。

5.1.3　预付款及期中支付

一、预付款

工程预付款是指由发包人按照合同约定,在正式开工前由发包人预先支付给承包人,用于购买工程施工所需的材料和组织施工机械和人员进场的价款。

工程预付款又称材料备料款或材料预付款,是建设工程施工合同订立后由发包人按照合同约定,在正式开工前预先支付给承包人的用于购买工程所需的材料和设备以及组织施工机械和人员进场所需的款项。

1. 预付款的支付

对于工程预付款额度,各地区、各部门的规定不完全相同,主要是保证施工所需材料和构件的正常储备。工程预付款额度一般是根据施工工期、建筑安装工作量、主要材料和构件费用占建筑安装工程费的比例以及材料储备周期等因素经测算来确定。

（1）百分比法

发包人根据工程的特点、工期长短、市场行情、供求规律等因素,招标时在合同条件中约定工程预付款的百分比。根据《建设工程价款结算暂行办法》的规定,预付款的比例原则上不低于合同金额的 10%,不高于合同金额的 30%。

（2）公式计算法

公式计算法是根据主要材料(含结构件等)占年度承包工程总价的比重、材料储备定额天数和年度施工天数等因素,通过公式计算预付款额度的一种方法。计算式如下。

$$工程预付款额 = \frac{工程总价 \times 材料比例(\%)}{年度施工天数} \times 材料储备定额天数 \qquad (5-1)$$

式中,年度施工天数按 365 天日历天计算;材料储备定额天数由当地材料供应的在途天数、加工天数、整理天数、供应间隔天数、保险天数等因素决定。

2. 预付款的扣回

发包人支付给承包人的工程预付款属于预支性质,随着工程的逐步实施后,原已支付的预付款应以充抵工程价款的方式陆续扣回,抵扣方式应当由双方当事人在合同中明确约定。扣款的方法主要有以下两种。

（1）按合同约定扣款

预付款的扣款方法由发包人和承包人通过洽商后在合同中予以确定,一般是在承包人完成金额累计达到合同总价的一定比例后,由承包人开始向发包人还款,发包方从每次应付给承包人的金额中扣回工程预付款,发包人至少在合同规定的完工期前将工程预付款的总金额逐次扣回。国际工程中的扣款方法一般是当工程进度款累计金额超过合同价格的 10% ~20% 时开始起扣,每月从进度款中按一定比例扣回。

（2）起扣点计算法

从未施工工程尚需的主要材料及构件的价值相当于工程预付款数额时起扣,此后每次结算工程价款时,按材料所占比重扣减工程价款,至工程竣工前全部扣清。起扣点的计算式如下。

$$T = P - \frac{M}{N} \qquad (5-2)$$

式中:T——起扣点(即工程预付款开始扣回时)的累计完成工程金额;

　　P——承包工程合同总额;

　　M——工程预付款总额;

　　N——主要材料及构件所占比重。

起扣点计算法对承包人比较有利,最大限度地占用了发包人的流动资金,但是显然不利于发包人资金使用。

3. 预付款担保

预付款担保是指承包人与发包人签订合同后领取预付款前,承包人正确、合理使用发包人支付的预付款而提供的担保。

预付款担保的主要形式为银行保函。预付款担保的担保金额通常与发包人的预付款是等值的。预付款一般逐月从工程预付款中扣除,预付款担保的担保金额也相应逐月减少。承包人在施工期间,应当定期从发包人处取得同意此保函减值的文件,并送交银行确认。承包人还清全部预付款后,发包人应退还预付款担保,承包人将其退回银行注销,解除担保责任。

4. 安全文明施工费

发包人应在工程开工后的约定期限内预付不低于当年施工进度计划的安全文明施工费总额的 60%,其余部分按照提前安排的原则进行分解,与进度款同期支付。

发包人没有按时支付安全文明施工费的,承包人可催告发包人支付;发包人在付款期满后的 7 天内仍未支付的,若发生安全事故,发包人应承担连带责任。

二、期中支付

合同价款的期中支付,是指发包人在合同工程施工过程中,按照合同约定对付款周期内承包人完成的合同价款给予支付的款项,也就是工程进度款的结算支付。发承包双方应按照合同约定的时间、程序和方法,根据工程计量结果,办理期中价款结算,支付进度款。进度款支付周期应与合同约定的工程计量周期一致。

1. 期中支付价款的计算

(1) 已完工程的结算价款

已标价工程量清单中的单价项目,承包人应按工程计量确认的工程量与综合单价计算。如综合单价发生调整的,以发承包双方确认调整的综合单价计算进度款。

已标价工程量清单中的总价项目,承包人应按合同中约定的进度款支付分解,分别列入进度款支付申请中的全文明施工费和本周期应支付的总价项目的金额中。

(2) 结算价款的调整

承包人现场签证和得到发包人确认的索赔金额列入本周期应增加的金额中。由发包人提供的材料、工程设备金额应按照发包人签约提供的单价和数量从进度款支付中扣出,列入本周期应扣减的金额中。

(3) 进度款的支付比例

进度款的支付比例按照合同约定,按期中结算价款总额计,不低于 60%,不高于 90%。承包人对于合同约定的进度款付款比例较低的工程应充分考虑项目建设的资金流与融资成本。

2. 期中支付的程序

(1) 进度款支付申请

承包人应在每个计量周期到期后向发包人提交已完工程进度款支付申请一式四份,详细说明此周期认为有权得到的款额,包括分包人已完工程的价款。

(2) 进度款支付证书

发包人应在收到承包人进度款支付申请后,根据计量结果和合同约定对申请内容予以核实,确认后向承包人出具进度款支付证书。若发承包双方对有的清单项目的计量结果出现争议,发包人应对无争议部分的工程计量结果向承包人出具进度款支付证书。

（3）支付证书的修正

发现已签发的任何支付证书有错、漏或重复的数额，发包人有权予以修正，承包人也有权提出修正申请。经发承包双方复核同意修正的，应在本次到期的进度款中支付或扣除。

[例5-1] 某施工单位承包某内资工程项目，甲、乙双方签订关于工程价款的合同内容有：① 建筑安装工程造价 660 万元，合同工期 5 个月，开工日期为当年 2 月 1 日；② 预付备料款为建筑安装工程造价的 20%，从第三个月起各月平均扣回；③ 工程进度款逐月计算；④ 工程质量保证金为建筑安装工程造价的 5%，从第一个月开始按各月实际完成产值的 10% 扣留，直到扣完为止。工程各月实际完成产值如表 5-1 所示。

表5-1 工程各月实际完成产值

月份	2 月	3 月	4 月	5 月	6 月
实际完成产值/万元	55	110	165	220	110

要求：① 计算该工程预付备料款。

② 计算从第三个月起各月平均扣回金额。

③ 计算该工程质量保证金。

④ 计算每月实际应结算工程款。

解：① 预付备料款 $=660×20\%=132$（万元）

② 从第三个月起各月平均扣回金额 $=132÷3=44$（万元）

③ 质量保证金 $=660×5\%=33$（万元）

④ 2 月实际应结算工程款 $=55×(1-10\%)=49.5$（万元）

3 月实际应结算工程款 $=110×(1-10\%)=99$（万元）

4 月实际应结算工程款 $=165×(1-10\%)-44=104.5$（万元）

2～4 月累计扣留质量保证金 $=55×10\%+110×10\%+165×10\%=33$（万元）

5 月实际应结算工程款 $=220-44=176$（万元）

6 月实际应结算工程款 $=110-44=66$（万元）

[例5-2] 某工程业主与承包商签订了施工合同，合同中含有两个子项工程，估算工程量 A 项为 2 500m³，B 项为 3 500m³，经协商合同价 A 项为 200 元/m³，B 项为 170 元/m³。合同还规定开工前业主应向承包商支付合同价 20% 的预付款；业主自第一个月起，从承包商的工程款中，按 5% 的比例扣留质量保证金；当子项工程实际工程量超过估算工程量 10% 时，可进行调价，调整系数为 0.9；根据市场情况规定价格调整系数平均按照 1.2 计算；工程师签发月度付款最低金额为 30 万元；预付款在最后两个月扣除，每月扣 50%。承包商每月实际完成并经工程师签证确认的工程量如表 5-2 所示。

表5-2 某工程每月实际完成并经工程师签证确认的工程量

月份	1 月	2 月	3 月	4 月
A 项/m³	550	850	850	650
B 项/m³	800	950	900	650

要求:① 计算工程预付款。

② 计算从第一个月起每月工程量价款、工程师应签证的工程款、实际签发的付款凭证金额。

解:① 预付金额 = (2 500×200+3 500×170)×20% = 21.90(万元)

② 计算每月工程量价款、工程师应签证的工程款、实际签发的付款凭证金额

第一个月:

工程量价款 = 550×200+800×170 = 24.60(万元)

应签的工程款 = 24.6×1.2×(1−5%) = 28.04(万元)

由于合同规定工程师签发的最低金额为 30 万元,故本月工程师不予签发付款凭证。

第二个月:

工程量价款 = 850×200+950×170 = 33.15(万元)

应签证的工程款 = 33.15×1.2×0.95 = 37.79(万元)

本月工程师实际签发的付款凭证金额 = 28.04+37.79 = 65.83(万元)

第三个月:

工程量价款 = 850×200+900×170 = 32.30(万元)

应签证的工程款 = 32.30×1.2×0.95 = 36.82(万元)

应扣预付款 = 21.90×50% = 10.95(万元)

应付款 = 36.82−10.95 = 25.87(万元)

因本月应付款金额小于 30 万元,故工程师不予签发付款凭证。

第四个月:

A 项工程累计完成工程量为 2 900 m^3,比原估算工程量 2 500 m^3 超出 400 m^3,已超过估算工程量的 10%,超出部分其单价应进行调整。

超过估算工程量 10% 的工程量 = 2 900−2 500×(1+10%) = 150(m^3)

该部分工程量单价应调整 = 200×0.9 = 180(元/m^3)

A 项工程工程量价款 = (650−150)×200+150×180 = 12.70(万元)

B 项工程累计完成工程量为 3 300 m^3,比原估算工程量 3 500 m^3 减少 200 m^3,不超过估算工程量,其单价不予调整。

B 项工程工程量价款 = 650×170 = 11.05(万元)

本月完成 A、B 两项工程量价款合计 = 12.70+11.05 = 23.75(万元)

应签证的工程款 = 23.75×1.2×0.95 = 27.08(万元)

本月工程师实际签发的付款凭证金额 = 25.87+27.08−21.90×50% = 42(万元)

任务 5.2　控制工程造价

实施阶段是实现建设工程价值的主要阶段,也是资金投入量较大的阶段。在实施阶段,由于施工组织设计、工程变更、索赔、工程计量方式的差别以及工程实施中各种不可预见因素的存在,使得实施阶段的造价管理难度加大。

在实施阶段,建设单位应通过编制资金使用计划、及时进行工程计量与结算、预防并处理好工程变更与索赔,有效控制工程造价。施工承包单位也应做好成本计划及动态监控等工作,综合考虑建造的工期、质量、安全、环保等全要素成本,有效控制施工成本。对于工程总承包项目,工程施工成本管理属于项目成本管理的一部分,项目成本管理要全面考虑设计的优化与建设目标,以及设备及工器具采购的成本管理、设计及其他费用的成本管理等内容。

5.2.1 施工阶段影响造价的要素

建设项目的工期、质量和造价三大要素是相互影响和相互依存的。工期与质量的变化在一定条件下可以影响和转化为造价的变化,造价的变动同样会直接影响和转化成质量与工期的变化。例如,当需要缩短建设工期时,就需要增加额外的资源投入,从而发生一些赶工费之类的费用,这样"工期的缩短"就会转化成"造价的增加";而当需要提高工程质量时,也需要增加资源的投入,这样"质量的提高"就会转化成"造价的增加";相反,当削减一个项目的造价时,其工期和质量就会受到直接影响,既可能会造成质量的降低,也可能会造成工期的推延。

1. 资源投入要素对工程造价的影响

资源投入要素受两个方面的影响:一是在项目建设全过程中各项活动消耗和占用的资源数量变化的影响,如设计使用的管线直径、管线长度、施工中对标准规格材料进行断料的损耗等;二是各项活动消耗与占用资源的价格变化的影响,如材料、人工等价格上涨。

2. 工期要素对工程造价的影响

工期是指项目或项目的某个阶段、某项具体活动所需要的,或者实际花费的工作时间周期。在一个项目的全过程中,实现活动所消耗或占用的资源发生以后就会形成项目的造价,这些造价不断地沉淀下来、累积起来,最终形成了项目的全部造价,因此工程造价是时间的函数,造价是随着工期的变化而变化的。

项目消耗与占用的各种资源都具有一定的时间价值。工程造价实际上可以被看成是在建设项目全生命周期中整个项目实现阶段所占用的资金。这种资金的占用,不管占用的是自有资金还是银行贷款都有其自身的时间价值。资金的时间价值既是构成工程造价的主要因素之一,又是造成工程造价变动的原因之一。当项目工期延长时,对造价影响的最直接表现就是增加项目的银行贷款利息支出或减少存款的利息收入。

另外,如果不合理地压缩工期,虽然可以减少因资金占用而付出的资金时间价值,但可能会造成项目实际消耗和占用资源量的增加或价格上升而增加造价,如要求混凝土提早达到强度,需要添加早强剂和增加养护措施投入;要求工人加班需要额外支付加班费用等。当然压缩工期也使项目能早投入使用,可能早出效益。

3. 质量要素对工程造价的影响

质量是指项目交付后能够满足使用需求的功能特性与指标。项目的实现过程就是该项目质量的形成过程,在这一过程中为达到项目的质量要求,需要开展两个方面的工作。一是质量的检验与保障工作;二是项目质量失败的补救工作。这两项工作都要消耗和占用资源,从而都会产生质量造价。这两种造价分别是:项目质量检验与保障造价,它是为保障项目的质量而发生的造价;项目质量失败补救造价,它是由质量保障工作失败后为达到质量要求而采取各种质量补救措施(返工、修补)所发生的造价。另外项目质量失败的补救措施的实施还会造成工期延迟,引发工期要素对工程造价的影响。

5.2.2　资金使用计划的编制

资金使用计划的编制是在工程项目结构分解的基础上,将工程造价的总目标值逐层分解到各个工作单元,形成各分目标值及各详细目标值,从而可以定期地将工程项目中各个子目标实际支出额与目标值进行比较,以便于及时发现偏差,找出偏差原因并及时采取纠正措施,将工程造价偏差控制在一定范围内。

资金使用计划的编制与控制对工程造价水平有着重要影响。建设单位通过科学地编制资金使用计划,可以合理确定工程造价的总目标值和各阶段目标值,使工程造价控制有据可依。

依据项目结构分解方法不同,资金使用计划的编制方法也有所不同,常见的有按工程造价构成编制资金使用计划、按工程项目组成编制资金使用计划和按工程进度编制资金使用计划。这三种不同的编制方法可以有效地结合起来,组成一个详细完备的资金使用计划体系。

一、按工程造价构成编制资金使用计划

工程造价主要分为建筑安装工程费、设备工器具费和工程建设其他费三部分,按工程造价构成编制的资金使用计划也分为建筑安装工程费使用计划、设备工器具费使用计划和工程建设其他费使用计划。每部分费用比例根据以往经验或已建立的数据库确定,也可根据具体情况作出适当调整,每一部分还可以做进一步的划分。这种编制方法比较适合有大量经验数据的工程项目。

二、按工程项目组成编制资金使用计划

大中型工程项目一般由多个单项工程组成,每个单项工程又可细分为不同的单位工程,进而分解为各个分部分项工程。设计概算、预算都是按单项工程和单位工程编制的,因此,这种编制方法比较简单,易于操作。按子项目分解的造价使用计划示例如表5-3所示。

表5-3　某工程造价控制计划表示例(建安工程部分)

建筑面积:27 888.19m²　　　　　　　　　　　　　　　　　　单位:万元

序号	项目名称	概算造价		造价控制目标值		控制目标比概算增减	备注
		工程费	设备费	工程费	设备费		
一	土建工程	3 919.59		3 650		−269.59	
1	打桩	703.23		650		−53.23	
2	建筑	979.59		900		−79.59	
3	结构	1 631.98		1 500		−131.98	

续表

序号	项目名称	概算造价		造价控制目标值		控制目标 比概算增减	备注
		工程费	设备费	工程费	设备费		
4	钢结构	604.79		600		−4.79	
	小计	3 919.59		3 650		−269.59	
二	外立面装饰	2 454.89		2 400		−54.89	
三	室内装修	2 657.5		2 800		142.5	
四	设备及安装工程	5 585.3		5 405.1		−180.2	
1	给排水	350.72	74.73	350	70	−5.45	
2	消防喷淋	201.45	39.91	200	38	−3.36	
3	电气	258.12	139.39	250	130	−17.51	
4	变配电	21.67	130.5	22	130	−0.17	
5	箱式燃气调压站	2.1	15.32	2.1	15	−0.32	
6	空调通风	304.53	440.54	300	420	−25.07	
7	冷却循环水系统	25.16	128.14	25	125	−3.3	
8	冷冻设备	138.2	467.02	130	460	−15.22	
9	锅炉设备	104.56	302.47	100	300	−7.03	
10	电梯	44.98	221.45	44	220	−2.43	
11	火灾报警	33.41	90.09	30	90	−3.5	
12	安保系统	4.33	34.26	4	30	−4.59	
13	通信与信息系统	166.96	1 738.18	170	1 650	−85.14	
14	弱电系统配管	107.11		100		−7.11	
	小计	1 763.3	3 822	1 727.1	3 678	−180.2	
五	总体及环境工程	2 840.53		2 805		−35.53	
1	道路、绿化、景观、小品	1 420		1 450		30	
2	给排水	296		250		−46	
3	电气	600		600		0	
4	弱电系统配管	84.47		80		−4.47	
5	护岸土方及围堰工程	73.49		75		1.51	
6	浆砌石护岸	138.32		130		−8.32	
7	一号桥	147.26		140		−7.26	

续表

序号	项目名称	概算造价		造价控制目标值		控制目标	备注
		工程费	设备费	工程费	设备费	比概算增减	
8	二号桥	80.99		80		−0.99	
	小计	2 840.53		2 805		−35.53	
	合计	17 457.81		17 060.1		−397.71	

1. 按工程项目构成恰当分解资金使用计划总额

为了按不同子项划分资金的使用,首先必须对工程项目进行合理划分,划分的粗细程度根据实际需要而定。一般来说,将工程造价目标分解到各单项工程、单位工程比较容易,结果也比较合理可靠。按这种方式分解时,不仅要分解建筑安装工程费,而且要分解设备及工器具购置费以及工程建设其他费、预备费、建设期贷款利息等。

建筑安装工程费用中的人工费、材料费、施工机具使用费等直接费,可直接分解到各工程分项。而企业管理费、利润、规费、税金则不宜直接进行分解。措施项目费应分析具体情况,将其中与各工程分项有关的费用(如二次搬运费、检验试验费等)分离出来,按一定比例分解到相应的工程分项;其他与单位工程、分部工程有关的费用(如临时设施费、保险费等),则不能分解到各工程分项。

2. 编制各工程分项的资金支出计划

在完成工程项目造价目标的分解之后,应确定各工程分项的资金支出预算。工程分项的资金支出预算计算式如下。

$$分项支出预算 = 核实的工程量 \times 单价 \qquad (5-3)$$

式中,核实的工程量可反映并消除实际与计划(如投标书)的差异,单价则在上述建筑安装工程费用分解的基础上确定。

3. 编制详细的资金使用计划表

各工程分项的详细资金使用计划表应包括工程分项编号、工程内容、计量单位、工程数量、单价、工程分项总价等内容,如表 5-4 所示。

表 5-4　资金使用计划表

序号	工程分项编号	工程内容	计量单位	工程数量	单价	工程分项总价	备注

在编制资金使用计划时,应在主要的工程分项中考虑适当的不可预见费。此外,对于实际工程量与计划工程量(如工程量清单)的差异较大者,还应特殊标明,以便在实施中主动采取必要的造价控制措施。

三、按工程进度编制资金使用计划

投入工程项目的资金是分阶段、分期支出的,资金使用是否合理与施工进度安排密切相关。为了编制资金使用计划,并据此筹集资金,尽可能减少资金占用和利息支付,有必要将工程项目的资金使用计划按施工进度进行分解,以确定各施工阶段具体的目标值。

1. 编制工程施工进度计划

应用工程网络计划技术,编制工程网络进度计划,计算相应的时间参数,并确定关键线路。

2. 计算单位时间的资金支出目标

根据单位时间(月、旬或周)拟完成的实物工程量、投入的资源数量,计算相应的资金支出额,并将其绘制在时标网络计划图中。

3. 计算规定时间内的累计资金支出额

若 q_n 为单位时间内的资金支出计划数额,t 为规定的计算时间,相应的累计资金支出数额 Q_t 的计算式如下。

$$Q_t = \sum_{n=1}^{t} q_n \tag{5-4}$$

4. 绘制资金使用时间进度计划的 S 曲线

按规定的时间绘制资金使用与施工进度的 S 曲线。每一条 S 曲线都对应某一特定的工程进度计划。由于在工程网络进度计划的非关键线路中存在许多有时差的工作,因此,S 曲线(投资计划值曲线)必然包括在由全部工作均按最早开始时间(ES)开始和全部工作均按最迟开始时间(LS)开始的曲线所组成的"香蕉图"内,如图 5-2 所示。

建设单位可以根据编制的投资支出预算来安排资金,同时,也可以根据筹措的建设资金来调整 S 曲线,即通过调整非关键路线上工作的开始时间,力争将实际投资支出控制在计划范围内。

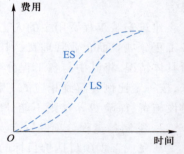

图 5-2　工程造价"香蕉图"

一般而言,所有工作都按最迟开始时间开始,对节约建设单位的建设资金贷款利息是有利的,但同时也降低了工程按期竣工的保证率。因此,必须合理地确定投资支出计划,达到既节约投资支出、又保证工程按期完成的目的。

5.2.3　施工成本管理

对于工程总承包项目,工程施工成本管理属于项目成本管理的一部分,项目成本管理要全面考虑设计的优化与建设目标,以及设备及工器具采购的成本管理、设计及其他费用的成本管理等内容。

一、施工成本管理流程

施工成本管理是一个有机联系与相互制约的系统过程,施工成本管理流程应遵循下列程序:

① 掌握成本测算数据(生产要素的价格信息及中标的施工合同价);

② 编制成本计划,确定成本实施目标;

③ 进行成本控制;

④ 进行施工过程成本核算;

⑤ 进行施工过程成本分析;

⑥ 进行施工过程成本考核;

⑦ 编制施工成本报告;

⑧ 施工成本管理资料归档。

成本测算是指编制投标报价时对预计完成该合同施工成本的测算,它是决定最终投标价格取定的核心数据。成本测算数据是成本计划的编制基础,成本计划是开展成本控制和核算的基础;成本控制能对成本计划的实施进行监督,保证成本计划的实现,而成本核算又是成本计划是否实现的最后检查,成本核算所提供的成本信息又是成本分析、成本考核的依据;成本分析为成本考核提供依据,也为未来的成本测算与成本计划指明方向;成本考核是实现成本目标责任制的保证和手段。

二、施工成本管理内容

1. 成本测算

施工成本测算是指施工承包单位凭借历史数据和工程经验,运用一定方法对工程项目未来的成本水平及其可能的发展趋势做出科学估计。施工成本测算是编制项目施工成本计划的依据,通常是对工程项目计划工期内影响成本的因素进行分析,比照近期已完工程项目的成本(单位成本),预测这些因素对施工成本的影响程度,估算出工程项目的单位成本或总成本。

施工成本的常用测算方法就是成本法,主要是通过施工企业定额来测算拟施工工程的成本,并考虑建设期物价等风险因素进行调整。

2. 成本计划

成本计划是在成本预测的基础上,施工承包单位及其项目经理部对计划期内工程项目成本水平所做的筹划。施工成本计划是以货币形式表达的项目在计划期内的生产费用、成本水平及为降低成本采取的主要措施和规划的具体方案。成本计划是目标成本的一种表达形式,是建立项目成本管理责任制、开展成本控制和核算的基础,是进行成本费用控制的主要依据。

3. 成本控制

成本控制是指在工程项目实施过程中,对影响工程项目成本的各项要素,即施工生产所耗费的人力、物力和各项费用开支,采取一定措施进行监督、调节和控制,及时预防、发现和纠正偏差,保证工程项目成本目标的实现。成本控制是工程项目成本管理的核心内容,也是工程项目成本管理中不确定因素最多、最复杂、最基础的管理内容。

(1)成本控制的内容

施工成本控制包括计划预控、过程控制和纠偏控制三个重要环节。

① 计划预控。计划预控是指运用计划管理的手段事先做好各项施工活动的成本安排,使工程项目预期成本目标的实现建立在有充分技术和管理措施保障的基础上,为工程项目的技术与资源的合理配置和消耗控制提供依据。控制的重点是优化工程项目实施方案、合理配置资源和控制生产要素的采购价格。

② 过程控制。过程控制是指控制实际成本的发生,包括实际采购费用发生过程的控制、劳动力和生产资料使用过程的消耗控制、质量成本及管理费用的支出控制。施工承包单位应充分发挥工程项目成本责任体系的约束和激励机制,提高施工过程的成本控制能力。

③ 纠偏控制。纠偏控制是指在工程项目实施过程中,对各项成本进行动态跟踪核

算,发现实际成本与目标成本产生偏差时,分析原因,采取有效措施予以纠偏。

（2）成本控制的方法

① 成本分析表法。成本分析表法是指利用各种表格进行成本分析和控制的方法。应用成本分析表法可以清晰地进行成本比较研究。常见的成本分析表有月成本分析表、成本日报或周报表、月成本计算及最终预测报告表。

② 工期-成本同步分析法。成本控制与进度控制之间有着必然的同步关系。因为成本是伴随着工程进展而发生的。如果成本与进度不对应,说明工程项目进展中出现虚盈或虚亏的不正常现象。

施工成本的实际开支与计划不相符,往往是由两个因素引起的:一是某道工序的成本开支超出计划;二是某道工序的施工进度与计划不符。因此要想找出成本变化的真正原因,实施良好有效的成本控制措施,必须与进度计划的适时更新相结合。

③ 赢得值法(挣值法)。赢得值法是对工程项目成本/进度进行综合控制的一种分析方法。通过比较已完工程计划费用(Budget Cost of Work Performed,BCWP)与已完工程实际费用(Actual Cost of Work Performed,ACWP)之间的差值,可以分析由于实际价格的变化而引起的累计成本偏差;通过比较已完工程计划费用(BCWP)与拟完工程计划费用(Budget Cost of Work Scheduled,BCWS)之间的差值,可以分析由于进度偏差而引起的累计成本偏差。并通过计算后续未完工程的计划成本余额,预测其尚需的成本数额,从而为后续工程施工的成本、进度控制及寻求降低成本途径指明方向。

④ 价值工程方法。价值工程方法是对工程项目进行事前成本控制的重要方法,在工程项目施工阶段,研究施工技术和组织的合理性,探索有无改进的可能性,在提高功能的条件下,确定最佳施工方案,降低施工成本。

4. 成本核算

成本核算是施工承包单位利用会计核算体系,对工程项目施工过程中所发生的各项费用进行归集,统计其实际发生额,并计算工程项目总成本和单位工程成本的管理工作。工程项目成本核算是施工承包单位成本管理最基础的工作,成本核算所提供的各种信息,是成本分析和成本考核等的依据。

5. 成本分析

成本分析是揭示工程项目成本变化情况及其变化原因的过程。成本分析为成本考核提供依据,也为未来的成本预测与成本计划编制指明方向。

（1）成本分析的方法

成本分析的基本方法包括比较法、因素分析法、差额计算法、比率法等。

① 比较法。比较法又称指标对比分析法,是通过技术经济指标的对比检查目标的完成情况,分析产生差异的原因,进而挖掘内部潜力的方法。其特点是通俗易懂、简单易行、便于掌握。

② 因素分析法。因素分析法又称连环置换法。这种方法可用来分析各种因素对成本的影响程度。在进行分析时,首先要假定众多因素中的一个因素发生了变化,而其他因素则不变,在前一个因素变动的基础上分析第二个因素的变动,然后逐个替换,分别比较其计算结果,以确定各个因素的变化对成本的影响程度。并据此对企业的成本计划执行情况进行评价,并提出进一步的改进措施。因素分析法的计算步骤如下:

a. 以各个因素的计划数为基础,计算出一个总数;

b. 逐项以各个因素的实际数替换计划数;

c. 每次替换后,实际数就保留下来,直到所有计划数都被替换成实际数为止;

d. 每次替换后,都应求出新的计算结果;

e. 最后将每次替换所得结果,与其相邻的前一个计算结果比较,其差额即为替换的那个因素对总差异的影响程度。

[例 5-3]　某施工单位承包一工程,计划砌砖工程量 1 200m³,按预算定额规定,每立方米耗用空心砖 510 块,每块空心砖计划价格为 0.12 元;而实际砌砖工程量却达 1 500m³,每立方米实耗空心砖 500 块,每块空心砖实际购入价为 0.18 元。要求:试用因素分析法进行成本分析。

解:砌砖工程的空心砖成本计算公式为

空心砖成本=砌砖工程量×每立方米空心砖消耗量×空心砖价格

采用因素分析法就上述三个因素分别对空心砖成本的影响进行分析。计算过程和结果见表 5-5。

表 5-5　砌砖工程空心砖成本分析

计算顺序	砌砖工程量/m³	每立方米空心砖消耗量/块	空心砖价格/元	空心砖成本/元	差异数/元	差异原因
计划数	1 200	510	0.12	73 440		
第一次代替	1 500	510	0.12	91 800	18 360	由于工程量增加
第二次代替	1 500	500	0.12	90 000	-1 800	由于空心砖节约
第三次代替	1 500	500	0.18	135 000	45 000	由于价格提高
合计					61 560	

以上分析结果表明,实际空心砖成本比计划超出 61 560 元,主要原因是工程量增加和空心砖价格提高;另外,由于节约空心砖消耗,使空心砖成本节约了 1 800 元,这是好现象,应该总结经验,继续发扬。

③ 差额计算法。差额计算法是因素分析法的一种简化形式,它利用各个因素的目标值与实际值的差额来计算其对成本的影响程度。

[例 5-4]　以例 5-3 的成本分析材料为基础,利用差额计算法分析各因素对成本的影响程度。

解:工程量的增加对成本的影响额=(1 500-1 200)×510×0.12 =18 360(元)

材料消耗量变动对成本的影响额=1 500×(500-510)×0.12= -1 800(元)

材料单价变动对成本的影响额=1 500×500×(0.18-0.12)= 45 000(元)

各因素变动对材料费用的影响=18 360-1 800+45 000=61 560(元)

两种方法的计算结果相同,但采用差额计算法显然要比第一种方法简单。

④ 比率法。比率法是指用两个以上的指标的比例进行分析的方法。其基本特点是,先把对比分析的数值变成相对数,再观察其相互之间的关系。

（2）成本分析的类别

施工成本的类别有分部分项工程成本、月（季）度成本、年度成本等。这些成本都是随着工程项目施工的进展而逐步形成的，与生产经营有着密切的关系。因此做好上述成本的分析工作，无疑将促进工程项目的生产经营管理，提高工程项目的经济效益。

① 分部分项工程成本分析。分部分项工程成本分析是施工项目成本分析的基础。分部分项工程成本分析的对象为主要的已完分部分项工程。分析的方法是进行预算成本、目标成本和实际成本的"三算"对比，分别计算实际成本与预算成本、实际成本与目标成本的偏差，分析偏差产生的原因，为今后的分部分项工程成本寻求节约途径。分部分项工程成本分析表的格式见表 5-6。

表 5-6　分部分项工程成本分析

单位工程：

分部分项工程名称：　　　工程量：　　　施工班组：　　　施工日期：

工料名称	规格	单位	单价	预算成本		目标成本		实际成本		实际与预算比较		实际与目标比较	
				数量	金额	数量	金额	数量	金额	数量	金额	数量	金额
合计													
实际与预算比较（%）= 实际成本合计/预算成本合计×100%													
实际与目标比较（%）= 实际成本合计/目标成本合计×100%													
节约/超支原因													

编制单位：　　　　　编制人员：　　　　　编制日期：

② 月（季）度成本分析。月（季）度成本分析是项目定期的、经常性的中间成本分析。通过月（季）度成本分析，可以及时发现问题，以便按照成本目标指定的方向进行监督和控制，保证工程项目成本目标的实现。

③ 年度成本分析。由于工程项目的施工周期一般较长，除进行月（季）度成本核算和分析外，还要进行年度成本的核算和分析。因为通过年度成本的综合分析，可以总结一年来成本管理的成绩和不足，为今后的成本管理提供经验和教训。

④ 竣工成本的综合分析。凡是有几个单位工程而且是单独进行成本核算的项目，其竣工成本分析应以各单位工程竣工成本分析资料为基础，再加上项目经理部的经营效益（如资金调度、对外分包等所产生的效益）进行综合分析。如果施工项目只有一个成本核算对象（单位工程），就以该成本核算对象的竣工成本资料作为成本分析的依据。单位工程竣工成本分析应包括竣工成本分析，主要资源节约/超支对比分析，主要技术节约措施及经济效果分析。

通过以上分析，可以全面了解单位工程的成本构成和降低成本的因素，对今后同类工程的成本管理很有参考价值。

6. 成本考核

成本考核是在工程项目建设过程中或项目完成后,定期对项目形成过程中的各级单位成本管理的成绩或失误进行总结与评价。通过成本考核,给予责任者相应的奖励或惩罚。施工承包单位应建立和健全工程项目成本考核制度,作为工程项目成本管理责任体系的组成部分。考核制度应对考核的目的、时间、范围、对象、方式、依据、指标、组织领导以及结论与奖惩原则等做出明确规定。

5.2.4　工程变更与索赔管理

一、工程变更管理

工程变更是指施工合同履行过程中出现与签订合同时的预计条件不一致的情况,而需要改变原定施工承包范围内的某些工作内容。合同当事人一方因对方未履行或不能正确履行合同所规定的义务而遭受损失时,可向对方提出索赔。工程变更与索赔是影响工程价款结算的重要因素,因此,也是施工阶段造价管理的重要内容。

1. 工程变更范围和内容

工程变更包括工程量变更、工程项目变更(如建设单位提出增加或者删减工程项目内容)、进度计划变更、施工条件变更等。根据《中华人民共和国标准施工招标文件》(2007 年)中的通用合同条款,工程变更包括以下五个方面。

① 取消合同中任何一项工作,但被取消的工作不能转由建设单位或其他单位实施。

② 改变合同中任何一项工作的质量或其他特性。

③ 改变合同工程的基线、标高、位置或尺寸。

④ 改变合同中任何一项工作的施工时间或改变已批准的施工工艺或顺序。

⑤ 为完成工程需要追加的额外工作。

2. 工程变更程序

工程施工过程中出现的工程变更可分为监理人指示的工程变更和施工承包单位提出的工程变更两类。

(1)监理人指示的工程变更

监理人根据工程施工的实际需要或建设单位要求实施的工程变更,可以进一步划分为直接指示的工程变更和通过与施工承包单位协商后确定的工程变更两种情况。

① 监理人直接指示的工程变更。监理人直接指示的工程变更属于必需的变更,如按照建设单位的要求提高质量标准、设计错误需要进行的设计修改、协调施工中的交叉干扰等情况。此时不需征求施工承包单位意见,监理人经过建设单位同意后发出变更指示要求施工承包单位完成工程变更工作。

② 与施工承包单位协商后确定的工程变更。此类情况属于可能发生的变更,与施工承包单位协商后再确定是否实施变更,如增加承包范围外的某项新工作等。

(2)施工承包单位提出的工程变更

施工承包单位提出的工程变更可能涉及建议变更和要求变更两类。

① 施工承包单位建议的变更。施工承包单位对建设单位提供的图纸、技术要求等,提出了可能降低合同价格、缩短工期或提高工程经济效益的合理化建议,均应以书

面形式提交监理人。合理化建议书的内容应包括建议工作的详细说明、进度计划和效益以及与其他工作的协调等，并附必要的设计文件。

② 施工承包单位要求的变更。施工承包单位收到监理人按合同约定发出的图纸和文件，经检查认为其中存在属于变更范围的情形，如提高工程质量标准、增加工作内容、改变工程的位置或尺寸等，可向监理人提出书面变更建议。变更建议应阐明要求变更的依据，并附必要的图纸和说明。

二、工程索赔管理

1. 工程索赔的概念

工程索赔是在施工合同履行中，当事人一方由于另一方未履行合同所规定的义务或者出现了应当由对方承担的风险而遭受损失时，向另一方提出赔偿要求的行为。通常索赔是双向的，《中华人民共和国标准施工招标文件》（2007 年）中通用合同条款中的索赔就是双向的，既包括施工承包单位向建设单位的索赔，也包括建设单位向施工承包单位的索赔。但在工程实践中，建设单位索赔数量较小，而且可通过冲账、扣拨工程款、扣保证金等实现对施工承包单位的索赔；而施工承包单位对建设单位的索赔则比较困难一些。通常情况下，索赔是指施工承包单位在合同实施过程中，对非自身原因造成的工程延期、费用增加而要求建设单位给予补偿损失的一种权利要求。

2. 工程索赔产生的原因

工程索赔是由于发生了施工过程中有关方面不能控制的干扰事件。这些干扰事件影响了合同的正常履行，造成了工期延长、费用增加，成为工程索赔的理由。

（1）业主方（包括建设单位和监理人）违约

在工程实施过程中，由于建设单位或监理人没有尽到合同义务，导致索赔事件发生，例如：

① 未按合同规定提供设计资料、图纸，未及时下达指令、答复请示等，使工程延期；

② 未按合同规定的日期交付施工场地和行驶道路、提供水电、提供应由建设单位出具的材料和设备，使施工承包单位不能及时开工或造成工程中断；

③ 未按合同规定按时支付工程款，或不再继续履行合同；

④ 下达错误指令，提供错误信息；

⑤ 建设单位或监理人协调工作不力等。

（2）合同缺陷

合同缺陷表现为合同文件规定不严谨甚至矛盾、合同条款遗漏或错误，设计图纸错误造成设计修改、工程返工、窝工等。

（3）合同变更

合同变更也有可能导致索赔事件发生，例如：

① 建设单位指令增加、减少工作量，增加新的工程，提高设计标准、质量标准；

② 由于非施工承包单位原因，建设单位指令中止工程施工；

③ 建设单位要求施工承包单位采取加速措施，其原因是非施工承包单位责任的工程拖延，或建设单位希望在合同工期前交付工程；

④ 建设单位要求修改施工方案，打乱施工顺序；

⑤ 建设单位要求施工承包单位完成合同规定以外的义务或工作。

（4）工程环境的变化

工程环境的变化也可能导致索赔事件发生，例如：

① 材料价格和人工工日单价的大幅度上涨；

② 国家法令的修改；

③ 货币贬值；

④ 外汇汇率变化等。

（5）不可抗力或不利的物质条件

不可抗力又可以分为自然事件和社会事件。自然事件主要是工程施工过程中不可避免地发生且不能克服的自然灾害，包括地震、海啸、瘟疫、水灾等；社会事件则包括国家政策、法律、法令的变更，战争、罢工等。

不利的物质条件通常是指承包人在施工现场遇到的不可预见的自然物质条件、非自然的物质障碍和污染物，包括地下和水文条件。

3. 工程索赔的分类

工程索赔按不同的划分标准，可分为不同类型。

（1）按索赔的合同依据分类

工程索赔可分为合同中明示的索赔和合同中默示的索赔。

① 合同中明示的索赔。施工承包单位所提出的索赔要求，在该工程项目施工合同文件中有文字依据。这些在合同文件中有文字规定的合同条款，称为明示条款。

② 合同中默示的索赔。施工承包单位所提出的索赔要求，虽然在工程项目施工合同条款中没有专门的文字叙述，但可根据该合同中某些条款的含义，推论出施工承包单位有索赔权。这种索赔要求，同样具有法律效力，施工承包单位有权得到相应的经济补偿。这种有经济补偿含义的条款，被称为"默示条款"或"隐含条款"。

（2）按索赔的目的分类

工程索赔可分为工期索赔和费用索赔。

① 工期索赔。由于非施工承包单位的原因导致施工进度拖延，要求批准延长合同工期的索赔，称为工期索赔。

工期索赔形式上是对权利的要求，以避免在原定合同竣工日不能完工时，被建设单位追究拖期违约责任。一旦获得批准合同工期延长后，施工承包单位不仅可免除承担拖期违约赔偿费的严重风险，而且可因提前交工获得奖励，最终仍反映在经济收益上。

② 费用索赔。费用索赔是施工承包单位要求建设单位补偿其经济损失。

当施工的客观条件改变导致施工承包单位增加开支时，要求对超出计划成本的附加开支给予补偿，以挽回不应由其承担的经济损失。

（3）按索赔事件的性质分类

工程索赔可分为工程延期索赔、工程变更索赔、合同被迫终止索赔、工程加速索赔、意外风险和不可预见因素索赔和其他索赔。

① 工程延期索赔。因建设单位未按合同要求提供施工条件，如未及时交付设计图纸、施工现场、道路等，或因建设单位指令工程暂停或不可抗力事件等原因造成工期拖延的，施工承包单位对此提出索赔。这是工程实施中常见的一类索赔。

微课
工程索赔的概念和
分类（三）

② 工程变更索赔。由于建设单位或监理人指令增加或减少工程量或增加附加工程、修改设计、变更工程顺序等,造成工期延长和费用增加,施工承包单位对此提出索赔。

③ 合同被迫终止索赔。由于建设单位违约及不可抗力事件等原因造成合同非正常终止,施工承包单位因其蒙受经济损失面向建设单位提出索赔。

④ 工程加速索赔。由于建设单位或监理人指令施工承包单位加快施工速度,缩短工期,引起施工承包单位人、财、物的额外开支而提出的索赔。

⑤ 意外风险和不可预见因素索赔。在工程实施过程中,因人力不可抗拒的自然灾害、特殊风险以及一个有经验的施工承包单位通常不能合理预见的不利施工条件或外界障碍,如地下水、地质断层、溶洞、地下障碍物等引起的索赔。

⑥ 其他索赔。如因货币贬值、汇率变化、物价上涨、政策法令变化等原因引起的索赔。

(4)按照《建设工程工程量清单计价规范》(GB 50500—2013)规定分类

《建设工程工程量清单计价规范》(GB 50500—2013)中对合同价款调整规定了法律法规变化、工程变更、项目特征不符、工程量清单缺项、工程量偏差、计日工、物价变化、暂估价、不可抗力、提前竣工(赶工补偿)、误期赔偿、索赔、现场签证、暂列金额以及发承包双方约定的其他调整事项等共计15种事项。这些合同价款调整事项,广义上也属于不同类型的费用索赔。

4. 工程索赔的结果

引起索赔事件的原因不同,工程索赔的结果也不同,对一方当事人提出的索赔可能给予合理补偿工期、费用和(或)利润的情况会有所不同。《建设工程施工合同(示范文本)》(GF—2017—0201)的通用合同条款中,引起承包人索赔的事件以及可能得到的合理补偿内容如表5-7所示。

表5-7 《建设工程施工合同(示范文本)》(GF—2017—0201)中承包人的索赔事件及可补偿内容

序号	条款号	索赔事件	可补偿内容		
			工期	费用	利润
1	1.6.1	延迟提供图纸	√	√	√
2	1.9	施工中发现文物、古迹	√	√	
3	2.4.1	延迟提供施工场地	√	√	√
4	7.6	施工中遇到不利物质条件	√	√	
5	8.1	提前向承包人提供材料、工程设备		√	
6	8.3.1	发包人提供材料、工程设备不合格或延迟提供或变更交货地点	√	√	√
7	7.4	承包人依据发包人提供的错误资料导致测量放线错误	√	√	√
8	6.1.9.1	因发包人原因造成承包人人员工伤事故		√	
9	7.5.1	因发包人原因造成工期延误	√	√	√
10	7.7	异常恶劣的气候条件导致工期延误	√		
11	7.9	承包人提前竣工		√	

序号	条款号	索赔事件	可补偿内容		
			工期	费用	利润
12	7.8.1	发包人暂停施工造成工期延误	√	√	√
13	7.8.6	工程暂停后因发包人原因无法按时复工	√	√	√
14	5.1.2	因发包人原因导致承包人工程返工	√	√	√
15	5.2.3	工程师对已经覆盖的隐蔽工程要求重新检查且检查结果合格	√	√	√
16	5.4.2	因发包人提供的材料、工程设备造成工程不合格	√	√	√
17	5.3.3	承包人应工程师要求对材料、工程设备和工程重新检验且检验结果合格	√	√	√
18	11.2	基准日后法律的变化		√	
19	13.4.2	发包人在工程竣工前提前占用工程	√	√	√
20	13.3.2	因发包人的原因导致工程试运行失败		√	√
21	15.2.2	工程移交后因发包人原因出现新的缺陷或损坏的修复		√	√
22	13.3.2	工程移交后因发包人原因出现的缺陷修复后的试验和试运行		√	
23	17.3.2(6)	因不可抗力停工期间应工程师要求照管、清理、修复工程		√	
24	17.3.2(4)	因不可抗力造成工期延误	√		
25	16.1.1(5)	因发包人违约导致承包人暂停施工	√	√	√

5. 工程索赔的依据和成立条件

（1）索赔的依据

提出索赔和处理索赔都要依据下列文件或凭证。

① 工程施工合同文件。工程施工合同是工程索赔中最关键和最主要的依据,工程施工期间,发承包双方关于工程的洽商、变更等书面协议或文件也是索赔的重要依据。

② 国家法律、法规。国家制定的相关法律、行政法规是工程索赔的法律依据。工程项目所在地的地方性法规或地方政府规章也可以作为工程索赔的依据,但应当在施工合同专用条款中约定为工程合同的适用法律。

③ 国家、部门和地方有关的标准、规范和定额。对于工程建设的强制性标准,是合同双方必须严格执行的;对于非强制性标准,必须在合同中有明确规定的情况下,才能作为索赔的依据。

④ 工程施工合同履行过程中与索赔事件有关的各种凭证。这是承包人因索赔事件所遭受费用或工期损失的事实依据,它反映了工程的计划情况和实际情况。

（2）索赔成立的条件

承包人工程索赔成立的基本条件包括:

① 索赔事件已造成了承包人直接经济损失或工期延误;

② 造成费用增加或工期延误的索赔事件是非因承包人的原因发生的;

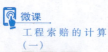

③ 承包人已经按照工程施工合同规定的期限和程序提交了索赔意向通知、索赔报告及相关证明材料。

6. 费用索赔的计算

（1）索赔费用的组成

对于不同原因引起的索赔，承包人可索赔的具体费用内容是不完全一样的。但归纳起来，索赔费用的要素与工程造价的构成基本类似，一般可归结为人工费、材料费、施工机具使用费、现场管理费、总部管理费、保险费、保函手续费、利息、利润和分包费用等。

① 人工费。人工费的索赔包括由于完成合同之外的额外工作所花费的人工费用，超过法定工作时间加班劳动，法定人工费增长，非因承包商原因导致工效降低所增加的人工费用，非因承包商原因导致工程停工的人员窝工费和工资上涨费等。

② 材料费。材料费的索赔包括由于索赔事件的发生造成材料实际用量超过计划用量而增加的材料费，由于发包人原因导致工程延期期间的材料价格上涨和超期储存费用。材料费中应包括运输费、仓储费以及合理的损耗费用。如果由于承包商管理不善造成材料损坏、失效，则不能列入索赔款项内。

③ 施工机具使用费。施工机具使用费的索赔包括由于完成合同之外的额外工作所增加的机具使用费，非因承包人原因导致工效降低所增加的机具使用费，由于发包人或工程师指令错误或迟延导致机械停工的台班停滞费。

④ 现场管理费。现场管理费的索赔包括承包人完成合同之外的额外工作以及由于发包人原因导致工期延期期间的现场管理费，包括管理人员工资、办公费、通信费、交通费等。

⑤ 总部管理费。总部管理费的索赔主要指的是由于发包人原因导致工程延期期间所增加的承包人向公司总部提交的管理费，包括总部职工工资、办公大楼折旧、办公用品、财务管理、通信设施以及总部领导人员赴工地检查指导工作等开支。

⑥ 保险费。因发包人原因导致工程延期时，承包人必须办理工程保险、施工人员意外伤害保险等各项保险的延期手续，对于由此而增加的费用，承包人可以提出索赔。

⑦ 保函手续费。因发包人原因导致工程延期时，承包人必须办理相关履约保函的延期手续，对于由此而增加的手续费，承包人可以提出索赔。

⑧ 利息。利息的索赔包括发包人拖延支付工程款利息，发包人迟延退还工程质量保证金的利息，承包人垫资施工的垫资利息，发包人错误扣款的利息等。

⑨ 利润。一般来说，由于工程范围的变更、发包人提供的文件有缺陷或错误、发包人未能提供施工场地以及因发包人违约导致的合同终止等事件引起的索赔，承包人都可以列入利润。另外，对于因发包人原因暂停施工导致的工期延误，承包人也有权要求发包人支付合理的利润。

⑩ 分包费用。由于发包人的原因导致分包工程费用增加时，分包人只能向总承包人提出索赔，但分包人的索赔款项应当列入总承包人对发包人的索赔款项中。分包费用索赔指的是分包人的索赔费用，一般也包括与上述费用类似的内容索赔。

（2）费用索赔的计算方法

索赔费用的计算应以赔偿实际损失为原则，包括直接损失和间接损失。索赔费用的计算方法最容易被发承包双方接受的是实际费用法。

微课
工程索赔的计算（二）

实际费用法又称分项法，即根据索赔事件所造成的损失或成本增加，按费用项目逐项进行分析，按合同约定的计价原则计算索赔金额的方法。这种方法比较复杂，但能客观地反映施工单位的实际损失，比较合理，易被当事人接受，在国际工程中被广泛采用。针对市场价格波动引起的费用索赔，常见的计算方式有两种。

① 采用价格指数进行计算。计算式如下。

$$\Delta P = P_0 \left[A + \left(B_1 \times \frac{F_{t1}}{F_{01}} + B_2 \times \frac{F_{t2}}{F_{02}} + B_3 \times \frac{F_{t3}}{F_{03}} + \cdots + B_n \times \frac{F_{tn}}{F_{0n}} \right) - 1 \right] \qquad (5-5)$$

式中：　　　ΔP——需调整的价格差额；

$\quad P_0$——约定的付款证书中承包人应得到的已完成工程量的金额；

$\quad A$——定值权重（即不调部分的权重）；

$B_1, B_2, B_3, \cdots, B_n$——各可调因子的变值权重（即可调部分的权重）；

$F_{t1}, F_{t2}, F_{t3}, \cdots, F_{tn}$——各可调因子的现行价格指数；

$F_{01}, F_{02}, F_{03}, \cdots, F_{0n}$——各可调因子的基本价格指数。

价格调整公式中的各可调因子、定值和变值权重，以及基本价格指数及其来源在投标函附录价格指数和权重表中约定，非招标订立的合同，由合同当事人在专用合同条款中约定。价格指数应首先采用工程造价管理机构发布的价格指数，无前述价格指数时，可采用工程造价管理机构发布的价格代替。

因承包人原因未按期竣工的，对合同约定的竣工日期后继续施工的工程，在使用价格调整公式时，应采用计划竣工日期与实际竣工日期的两个价格指数中较低的一个作为现行价格指数。

② 采用造价信息进行价格调整。合同履行期间，因人工、材料、工程设备和机械台班价格波动影响合同价格时，人工、机械使用费按照国家或省、自治区、直辖市建设行政管理部门、行业建设管理部门或其授权的工程造价管理机构发布的人工、机械使用费系数进行调整；需要进行价格调整的材料，其单价和采购数量应由发包人审批，发包人确认需调整的材料单价及数量，作为调整合同价格的依据。

[例 5-5]　某施工合同约定，施工现场主导施工机械一台，由施工企业租得，台班单价为 300 元/台班，租赁费为 100 元/台班，人工工资为 40 元/工日，窝工补贴为 10 元/工日，以人工费为基数的综合费率为 35%，在施工过程中，发生了如下事件：① 出现异常恶劣天气导致工程停工 2 天，人员窝工 30 个工日；② 因恶劣天气导致场外道路中断，抢修道路用工 20 个工日；③ 场外大面积停电，停工 2 天，人员窝工 10 个工日。要求：计算施工企业可向业主索赔的费用。

解：各事件处理结果如下。

① 异常恶劣天气导致的停工通常不能进行费用索赔。

② 抢修道路用工的索赔额 = 20×40×(1+35%) = 1 080（元）

③ 停电导致的索赔额 = 2×100+10×10 = 300（元）

总索赔费用 = 1 080+300 = 1 380（元）

[例 5-6] 某建设项目业主与承包商签订了工程施工承包合同,根据合同及其附件的有关条文,对索赔作出如下规定:

因窝工发生的人工费以 70 元/工日计算,建设方提前一周通知承包人时不以窝工处理,以补偿费支付 25 元/工日。

机械台班费:汽车式起重机 600 元/台班,蛙式打夯机 180 元/台班,履带式推土机 1 100 元/台班。因窝工而闲置时,只考虑折旧费,按台班费 70% 计算。

因临时停工一般不补偿管理费和利润。

在施工过程中发生了以下情况。

① 6 月 8 日至 6 月 21 日,施工到第七层时,因业主提供的钢筋未到,一台汽车式起重机和 35 名钢筋工停工(业主已于 5 月 30 日通知承包人)。

② 6 月 10 日至 6 月 21 日,因场外停电停水,地面基础工作的一台履带式推土机、一台蛙式打夯机和 30 名工人停工。

③ 6 月 23 日至 6 月 25 日,因一台汽车式起重机故障而使在第十层浇捣钢筋混凝土梁的 35 名钢筋工停工。

承包商及时提出了索赔要求。

要求:(1) 判断哪些事件可以索赔,哪些事件不可以索赔。说明理由。

(2) 计算合理的索赔金额。

解:(1) 事件①:可以索赔。因业主提供的钢筋未到,属于当事人违约。

事件②:可以索赔。因场外停电停水,属于不可抗力。

事件③:不可以索赔。因设备出现故障,属于承包商的责任。

(2) 合理的索赔金额如下。

对于事件①,机械闲置费:起重机一台,$600 \times 70\% \times 14 = 5\ 880$(元)

窝工人工费:因业主已提前通知承包人,所以只能以补偿费支付。

钢筋工:$25 \times 35 \times 14 = 12\ 250$(元)

事件①合理的索赔费用:$5\ 880 + 12\ 250 = 18\ 130$(元)

对于事件②,机械闲置费:推土机一台,$1\ 100 \times 70\% \times 12 = 9\ 240$(元)

打夯机一台,$180 \times 70\% \times 12 = 1\ 512$(元)

窝工人工费:$70 \times 30 \times 12 = 25\ 200$(元)

事件②合理的索赔费用:$9\ 240 + 1\ 512 + 25\ 200 = 35\ 952$(元)

对于事件③,承包商原因造成机械设备故障,不能给予补偿。

该建设项目合理的索赔费用:$18\ 130 + 35\ 952 = 54\ 082$(元)

7. 工期索赔的计算

工期索赔一般是指承包人依据合同对由于因非自身原因导致的工期延误向发包人提出的工期顺延要求。

(1) 工期索赔注意事项

在工期索赔中应当特别注意以下问题。

① 划清施工进度拖延的责任。因承包人的原因造成施工进度滞后,属于不可原谅的延期;只有承包人不应承担任何责任的延误,才是可原谅的延期。有时工程延期的原因中可能包含有双方责任,此时工程师应进行详细分析,分清责任比例,只有可原谅

微课
工程索赔的计算
(三)

延期部分才能批准顺延合同工期。可原谅延期,又可细分为可原谅并给予补偿费用的延期和可原谅但不给予补偿费用的延期;后者是指非承包人责任事件的影响并未导致施工成本的额外支出,大多属于发包人应承担风险责任事件的影响,如异常恶劣的气候条件影响的停工等。

② 被延误的工作应是处于施工进度计划关键线路上的施工内容。只有位于关键线路上工作内容的滞后,才会影响竣工日期。但有时也应注意,既要看被延误的工作是否在批准进度计划的关键路线上,又要详细分析这一延误对后续工作的可能影响。因为若对非关键路线工作的影响时间较长,超过了该工作可用于自由支配的时间,也会导致进度计划中非关键路线转化为关键路线,其滞后将影响总工期的拖延。此时,应充分考虑该工作的自由时间,给予相应的工期顺延,并要求承包人修改施工进度计划。

(2)工期索赔的具体依据

承包人向发包人提出工期索赔的具体依据主要包括:

① 合同约定或双方认可的施工总进度规划;

② 合同双方认可的详细进度计划;

③ 合同双方认可的对工期的修改文件;

④ 施工日志、气象资料;

⑤ 业主或工程师的变更指令;

⑥ 影响工期的干扰事件;

⑦ 受干扰后的实际工程进度等。

(3)工期索赔的计算方法

① 直接法。如果某干扰事件直接发生在关键线路上,造成总工期的延误,可以直接将该干扰事件的实际干扰时间(延误时间)作为工期索赔值。

② 比例计算法。如果某干扰事件仅仅影响某单项工程、单位工程或分部分项工程的工期,要分析其对总工期的影响,可以采用比例计算法。

③ 网络图分析法。网络图分析法是利用进度计划的网络图分析其关键线路。如果延误的工作为关键工作,则延误的时间为索赔的工期;如果延误的工作为非关键工作,当该工作由于延误超过时差限制而成为关键工作时,可以索赔延误时间与时差的差值;若该工作延误后仍为非关键工作,则不存在工期索赔问题。

该方法通过分析干扰事件发生前和发生后网络计划的计算工期之差来计算工期索赔值,可以用于各种干扰事件和多种干扰事件共同作用所引起的工期索赔。

(4)共同延误的处理

在实际施工过程中,工期拖期很少是只由一方造成的,往往是两三种原因同时发生(或相互作用)而形成的,故称为"共同延误"。在这种情况下,要具体分析哪一种情况延误是有效的,应依据以下原则。

① 判断造成拖期的哪一种原因是最先发生的,即确定"初始延误"者,它应对工程拖期负责。在初始延误发生作用期间,其他并发的延误者不承担拖期责任。

② 如果初始延误者是发包人原因,则在发包人原因造成的延误期内,承包人既可得到工期延长,又可得到经济补偿。

③ 如果初始延误者是客观原因,则在客观因素发生影响的延误期内,承包人可以得到工期延长,但很难得到费用补偿。

④ 如果初始延误者是承包人原因,则在承包人原因造成的延误期内,承包人既不能得到工期补偿,也不能得到费用补偿。

[例 5−7] 某工程合同总价为 360 万元,总工期为 12 个月(制度工作日),现业主指令增加附属工程的合同价为 60 万元。要求:计算承包商应提出的工期索赔时间。

解: 总工期索赔 $= \dfrac{增加工程量的合同价}{原合同总价} \times 原合同总工期$

$$= \frac{60}{360} \times 12 = 2(月)(制度工作日)$$

作业天 $= 2 \times 21 = 42(天)$

承包商应提出 2 个月,作业天 42 天的工期索赔。

[例 5−8] 某厂(发包人)与某建筑公司(乙方)订立了某工程项目施工合同,同时与某降水公司(丙方)订立了工程降水合同。建筑公司编制了施工网络计划,工作 B、E、G 为关键线路上的关键工作,工作 D 有总时差 8 天。工程施工中发生如下事件:

① 降水方案错误,致使工作 D 推迟 2 天,乙方人员配合用工 5 个工日,窝工 6 个工日;

② 因供电中断,停工 2 天,造成人员窝工 16 个工日;

③ 因设计变更,工作 E 工程量由招标文件中的 $300 m^3$ 增至 $350 m^3$,原计划工期为 6 天;

④ 为保证施工质量,乙方在施工中将工作 B 原设计尺寸扩大,增加工程量 $15 m^3$;

⑤ 在工作 E、G 均完成后,发包人指令增加一项临时工作 K,经核准,完成该工作需要 1 天时间,机械 1 台班,人工 10 个工日。

要求:(1) 计算每项事件工期索赔各是多少? 计算总工期索赔多少天?

(2) 若合同约定每一分项工程实际工程量增加超过招标文件的 10% 以上调整单价,E 工作原全费用单价为 110 元/m^3,经协商调整后的全费用单价为 100 元/m^3,则 E 工作结算价为多少?

(3) 假设人工工日单价为 70 元/工日,人工费补贴为 25 元/工日,因增加用工所需管理费为增加人工费的 20%,工作 K 的综合取费为人工费的 80%,台班费为 400 元/台班,台班折旧费为 240 元/台班。计算除事件③外合理的费用索赔总额。

解:(1) 事件①:工作 D 有总时差 8 天,现推迟 2 天,不影响工期,因此可索赔工期 0 天。

事件②:供电中断 2 天,可索赔工期 2 天。

事件③:因为 E 工作为关键工作,可索赔工期 $(350-300) \div (300 \div 6) = 1(天)$。

事件④:因为保证施工质量所采取的措施,属于承包商的责任,不可索赔工期和费用。

事件⑤:因为 E、G 均为关键工作,在该两项工作之间增加工作 K,K 工作也必为关键工作,所以索赔工期 1 天。

总计索赔工期:$0+2+1+1 = 4(天)$

（2）计算 E 工作结算价

按原单价结算的工程量：$300×(1+10\%)=330(m^3)$

按新单价结算的工程量：$350-330=20(m^3)$

总结算价：$330×110+20×100=38\ 300(元)$

（3）事件①：人工费 $6×25+5×70×(1+20\%)=570(元)$

事件②：人工费 $16×25=400(元)$

机械费 $2×240=480(元)$

事件⑤：人工费 $10×70×(1+80\%)=1\ 260(元)$

机械费 $1×400=400(元)$

合理的索赔费用总额：$570+400+480+1\ 260+400=3\ 110(元)$

5.2.5　工程费用动态监控

在工程实施阶段，无论是建设单位还是施工承包单位，均需要进行实际费用（实际投资或成本）与计划费用（计划投资或成本）的动态比较，分析费用偏差产生的原因，并采取有效措施控制费用偏差。

费用偏差是指工程项目投资或成本的实际值与计划值之间的差额。进度偏差与费用偏差密切相关，如果不考虑进度偏差，就不能正确反映费用偏差的实际情况，因此，有必要引入进度偏差的概念。对费用偏差和进度偏差的分析可以利用拟完工程计划费用（Budget Cost of Work Scheduled，BCWS）、已完工程实际费用（Actual Cost of Work Performed，ACWP）、已完工程计划费用（Budget Cost of Work Performed，BCWP）三个参数完成，通过三个参数间的差额（或比值）测算相关费用偏差指标值，并进一步分析偏差产生的原因，从而采取措施纠正偏差。费用偏差分析方法既可以用于业主方的投资偏差分析，也可以用于施工承包单位的成本偏差分析。

一、偏差表示方法

1. 费用偏差（Cost Variance，CV）

计算式如下。

$$费用偏差（CV）=已完工程计划费用（BCWP）-已完工程实际费用（ACWP）\quad(5-6)$$

$$已完工程计划费用（BCWP）=已完工程量（实际工程量）×计划单价\quad(5-7)$$

$$已完工程实际费用（ACWP）=已完工程量（实际工程量）×实际单价\quad(5-8)$$

当 CV>0 时，说明工程费用节约；当 CV<0 时，说明工程费用超支。

2. 进度偏差（Schedule Variance，SV）

计算式如下。

$$进度偏差（SV）=已完工程计划费用（BCWP）-拟完工程计划费用（BCWS）\quad(5-9)$$

$$拟完工程计划费用（BCWS）=\sum 拟完工程量（计划工程量）×计划单价\quad(5-10)$$

当 SV>0 时，说明工程进度超前；当 SV<0 时，说明工程进度拖后。

进度偏差对费用偏差分析的结果有着重要影响，如果不加以考虑，就不能正确反映费用偏差的实际情况。例如，某一阶段的费用超支，可能是由于进度超前导致的，也可能是由于物价上涨导致的。因此，费用偏差分析必须引入进度偏差的概念。计算式如下。

$$进度偏差_1 = 已完工程实际时间 - 已完工程计划时间 \qquad (5-11)$$

$$进度偏差_2 = 拟完工程计划费用 - 已完工程计划费用 \qquad (5-12)$$

式中,拟完工程计划费用是指按原进度计划工作内容的计划费用,也就是说,拟完工程计划费用是指计划进度下的计划费用。已完工程计划费用是指实际进度下的计划费用。

拟完工程计划费用计算式如下。

$$拟完工程计划费用 = 拟完工程(计划工程量) \times 计划单价 \qquad (5-13)$$

[例 5-9] 某工作计划完成工作量 $200m^3$,计划进度 $20m^3/$天,计划投资 10 元$/m^3$,到第 4 天实际完成 $90m^3$,实际投资 $1\,000$ 元,则到第 4 天,实际完成工作量 $90m^3$,计划完成 $20 \times 4 = 80m^3$。要求:试分析其偏差。

解:拟完工程计划投资 $= 80 \times 10 = 800$(元)

已完工程计划投资 $= 90 \times 10 = 900$(元)

已完工程实际投资 $1\,000$ 元

进度偏差 $= 800 - 900 = -100$(元)

则该工作进度提前,投资增加。

[例 5-10] 某工程施工至 2012 年 9 月底,经统计分析得已完工程计划费用为 $1\,500$ 万元,已完工程实际费用为 $1\,800$ 万元,拟完工程计划费用为 $1\,600$ 万元。要求:计算该工程此时的费用偏差和进度偏差。

解:① 费用偏差 $= 1\,500 - 1\,800 = -300$(万元)

说明工程费用超支 300 万元。

② 进度偏差 $= 1\,500 - 1\,600 = -100$(万元)

说明工程进度拖后 100 万元。

二、偏差参数

1. 局部偏差与累计偏差

局部偏差有两层含义:一是对于整个工程项目而言,指各单项工程、单位工程和分部分项工程的偏差;二是相对于工程项目实施的时间而言,指每一控制周期所发生的偏差。累计偏差是指在工程项目已经实施的时间内累计发生的偏差。累计偏差是一个动态的概念,其数值总是与具体时间联系在一起,第一个累计偏差在数值上等于局部偏差,最终的累计偏差就是整个工程项目的偏差。

2. 绝对偏差与相对偏差

绝对偏差是指实际值与计划值比较所得到的差额。相对偏差则是指偏差的相对数或比例数,通常是用绝对偏差与费用计划值的比值来表示。计算式如下。

$$费用相对偏差 = \frac{绝对偏差}{费用计划值} = \frac{费用计划值 - 费用实际值}{费用计划值} \qquad (5-14)$$

与绝对偏差一样,相对偏差可正可负,且两者符号相同。正值表示费用节约,负值表示费用超支。两者都只涉及费用的计划值和实际值,既不受工程项目层次的限制,也不受工程项目实施时间的限制,因而在各种费用比较中均可采用。

3. 绩效指数

(1) 费用绩效指数(Cost Performance Index,CPI)

计算式如下。

$$费用绩效指数(CPI)=\frac{已完工程计划费用(BCWP)}{已完工程实际费用(ACWP)} \tag{5-15}$$

CPI>1,表示实际费用节约;CPI<1,表示实际费用超支。

(2)进度绩效指数(Schedule Performance Index,SPI)

计算式如下。

$$进度绩效指数(SPI)=\frac{已完工程计划费用(BCWP)}{拟完工程计划费用(BCWS)} \tag{5-16}$$

SPI>1,表示实际进度超前;SPI<1,表示实际进度超支。

这里的绩效指数是相对值,既可用于工程项目内部的偏差分析,也可用于不同工程项目之间的偏差比较。而前述的偏差(费用偏差和进度偏差)主要适用于工程项目内部的偏差分析。

三、常用偏差分析方法

常用偏差分析方法有横道图法、时标网络图法、表格法和曲线法。

1. 横道图法

应用横道图法进行费用偏差分析,是用不同的横道线标识已完工程计划费用、拟完工程计划费用和已完工程实际费用,横道线的长度与其数值成正比。然后,再根据上述数据分析费用偏差和进度偏差。

横道图法具有简单直观的优点,便于掌握工程费用的全貌。但这种方法反映的信息量少,因而其应用具有一定的局限性。

2. 时标网络图法

应用时标网络图法进行费用偏差分析,是根据时标网络图得到每一时间段拟完工程计划费用,然后根据实际工作完成情况测得已完工程实际费用,并通过分析时标网络图中的实际进度前锋线,得出每一时间段已完工程计划费用,这样,即可分析费用偏差和进度偏差。

时标网络图法具有简单、直观的优点,可用来反映累计偏差和局部偏差,但实际进度前锋线的绘制需要有工程网络计划为基础。

3. 表格法

表格法是一种进行偏差分析的最常用方法。应用表格法分析偏差,是将项目编号、名称、各个费用参数及费用偏差值等综合纳入一张表格中,可在表格中直接进行偏差的比较分析。例如,某基础工程在一周内费用偏差和进度偏差分析见表5-8。

表 5-8　某基础工程在一周内费用偏差和进度偏差分析

项目编码		021		022		023	
项目名称		土方开挖工程		打桩工程		混凝土基础工程	
费用及偏差	代码或计算式	单位	数量	单位	数量	单位	数量
计划单价	(1)	元/m³	6	元/m	8	元/m³	10
拟完工程量	(2)	m³	500	m	80	m³	200
拟完工程计划费用	(3)=(1)×(2)	元	3 000	元	640	元	2 000
已完工程量	(4)	m³	600	m	90	m³	180

项目编码		021		022		023	
项目名称		土方开挖工程		打桩工程		混凝土基础工程	
费用及偏差	代码或计算式	单位	数量	单位	数量	单位	数量
已完工程计划费用	(5)=(1)×(4)	元	3 600	元	720	元	1 800
实际单价	(6)	元/m³	7	元/m	7	元/m³	9
已完工程实际费用	(7)=(4)×(6)	元	4 200	元	630	元	1 620
费用偏差	(8)=(5)-(7)	元	-600	元	90	元	180
费用绩效指数	(9)=(5)/(7)	—	0.857	—	1.143	—	1.111
进度偏差	(10)=(5)-(3)	元	600	元	80	元	-200
进度绩效指数	(11)=(5)/(3)	—	1.2	—	1.125	—	0.9

应用表格法进行偏差分析具有如下优点：

① 灵活、适用性强，可根据实际需要设计表格；

② 信息量大，可反映偏差分析所需的资料，从而有利于工程造价管理人员及时采取针对措施，加强控制；

③ 表格处理可借助于电子计算机，从而节约大量人力，并提高数据处理速度。

4. 曲线法

曲线法是用费用累计曲线（S 曲线）来分析费用偏差和进度偏差的一种方法。用曲线法进行偏差分析时，通常有三条曲线，即已完工程实际费用曲线 a、已完工程计划费用曲线 b 和拟完工程计划费用曲线 p，如图 5-3 所示。图 5-3 中曲线 a 和曲线 b 的竖向距离表示费用偏差，曲线 b 和曲线 p 的水平距离表示进度偏差。

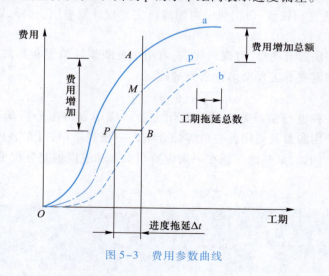

图 5-3　费用参数曲线

图 5-3 反映的偏差为累计偏差。用曲线法进行偏差分析同样具有形象、直观的特点，但这种方法很难用于局部偏差分析。

[例 5-11]　某工程计划进度与实际进度如表 5-9 所示。表中实线表示计划进度（进度线上方的数据为每周计划投资），虚线表示实际进度（进度线上方的数据为每周

实际投资),资金单位为万元。

表 5-9　某工程计划进度与实际进度

工作项目	进度计划/周											
	1	2	3	4	5	6	7	8	9	10	11	12
A	3	3	3									
	3	3	3									
B		3	3	3	3	3	2					
			3	3	3	2						
C				2	2	2	2					
						2	2	2	2	2		
D						3	3	3	3			
						2	2	2	2	2		
E								2	2	2		
										2	2	2

要求:(1) 计算每周投资数据,并将结果填入表 5-10。

表 5-10　投资数据　　　　　　　　单位:万元

项目	投资数据											
	1	2	3	4	5	6	7	8	9	10	11	12
拟完工程计划投资												
拟完工程计划投资累计												
已完工程实际投资												
已完工程实际投资累计												
已完工程计划投资												
已完工程计划投资累计												

(2) 试绘制该工程三种投资曲线,即拟完工程计划投资曲线、已完工程实际投资曲线和已完工程计划投资曲线。

(3) 分析第 6 周末和第 10 周末的投资偏差和进度偏差。

解:(1) 计算数据见表 5-11。

表 5-11　投资数据　　　　　　　　单位:万元

项目	投资数据											
	1	2	3	4	5	6	7	8	9	10	11	12
拟完工程计划投资	3	6	6	5	5	8	5	5	5	2		
拟完工程计划投资累计	3	9	15	20	25	33	38	43	48	50		

项目	投资数据											
	1	2	3	4	5	6	7	8	9	10	11	12
已完工程实际投资	3	3	6	3	3	4	6	4	4	6	4	2
已完工程实际投资累计	3	3	6	3	3	5	8	5	5	5	2	2
已完工程计划投资	3	3	6	3	3	5	8	5	5	5	2	2
已完工程计划投资累计	3	6	12	15	18	23	31	36	41	46	48	50

（2）根据表中数据绘出投资累计曲线图，见图 5-4，图中①为拟完工程计划投资曲线；②为已完工程实际投资曲线；③为已完工程计划投资曲线。

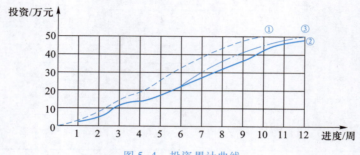

图 5-4　投资累计曲线

（3）第 6 周末投资偏差 =22-23=-1（万元），即投资节约 1 万元。

第 6 周末进度偏差 =6-[4+（23-20）/（25-20）]=1.4（周），即进度拖后 1.4 周。

或第 6 周末进度偏差 =33-23=10（万元），即进度拖后 10 万元。

第 10 周末投资偏差 =42-46=-4（万元），即投资节约 4 万元。

第 10 周末进度偏差 =10-[8+（46-43）/（48-43）]=1.4（周），即进度拖后 1.4 周。

或第 10 周末进度偏差 =50-46=4（万元），即进度拖后 4 万元。

四、偏差产生原因及费用纠偏措施

1. 偏差产生原因

偏差分析的一个重要目的就是要找出引起偏差的原因，从而有可能采取有针对性的措施，减少或避免相同原因再次发生。一般来说，产生费用偏差的原因包括以下几项。

① 客观原因。包括人工费涨价、材料涨价、设备涨价、利率及汇率变化、自然因素、地基因素、交通原因、社会原因、法规变化等。

② 建设单位原因。包括增加工程内容、投资规划不当、组织不落实、建设手续不健全、未按时付款、协调出现问题等。

③ 设计原因。包括设计错误或漏项、设计标准变更、设计保守、图纸提供不及时、结构 变更等。

④ 施工原因。包括施工组织设计不合理、质量事故、进度安排不当、施工技术措施不当、与外单位关系协调不当等。

从偏差产生原因的角度来看，由于客观原因是无法避免的，施工原因造成的损失由施工承包单位自己负责,因此,建设单位纠偏的主要对象是自己原因及设计原因造成的费用偏差。

2. 费用偏差纠正措施

对偏差原因进行分析的目的是为了有针对性地采取纠偏措施,从而实现费用的动态控制和主动控制。费用偏差的纠正措施通常包括以下四个方面。

① 组织措施。组织措施是指从费用控制的组织管理方面采取的措施,包括落实费用控制的组织机构和人员,明确各级费用控制人员的任务、职责分工,改善费用控制工作流程等。组织措施是其他措施的前提和保障。

② 经济措施。经济措施主要是指审核工程量和签发支付证书,包括检查费用目标分解是否合理,检查资金使用计划有无保障,是否与进度计划发生冲突,工程变更有无必要,是否超标等。

③ 技术措施。技术措施主要是指对工程方案进行技术经济比较,包括制定合理的技术方案,进行技术分析,针对偏差进行技术改正等。

④ 合同措施。合同措施在纠偏方面主要是指索赔管理。在施工过程中常出现索赔事件,要认真审查有关索赔依据是否符合合同规定,索赔计算是否合理等,从主动控制的角度,加强日常的合同管理,落实合同规定的责任。

 复习题

1. 思考题

(1) 索赔的含义是什么?

(2) 索赔成立的条件有哪些?

(3) 索赔的种类有哪些?

(4) 简述工程价款的主要支付方式。

(5) 偏差分析的方法有哪些?

(6) 简述用比例法计算索赔工期的要点。

(7) 简述用总费用法计算费用索赔的要点。

2. 案例题

(1) 某工程项目施工采用了包工包料的固定价格合同。在一个关键工作面上发生了几种原因造成的临时停工:5 月 20 日至 5 月 26 日承包商的施工设备出现了从未出现过的故障;应于 5 月 27 日交给承包商的后续图纸直到 6 月 10 日才交给承包商;6 月 7 日至 6 月 12 日施工现场下了罕见的特大暴雨,造成 6 月 13 日至 6 月 14 日的该地区的供电全面中断。经造价工程师核准,成本损失费 2 万元/天,利润损失费 2 000 元/天。

要求:① 计算承包商可向业主索赔的工期。

② 计算承包商可向业主索赔的费用。

(2) 建设单位将一热电厂工程建设项目的土建工程和设备安装工程施工任务分别由某土建施工单位和某设备安装单位承包。经业主方审核批准,土建施工单位又将桩基础施工分包给某专业基础工程公司。建设单位与土建施工单位和设备安装单位分别签订了施工合同和设备安装合同。在工程延期方面,合同中约定,因业主原因总工期延误一天应补偿承包方 5 000 元,承包方施工总工期延误一天应罚款 5 000 元。

该工程所用的预制桩由建设单位供应。按施工总进度计划的安排,规定桩基础施工应从8月10日开工至8月20日完工。但在施工过程中,由于建设单位供应预制桩不及时,使桩基础施工推迟在8月13日才开工;8月13日至8月18日基础工程公司的打桩设备出现故障不能施工;8月19日至8月22日又出现了属于不可抗力的恶劣天气无法施工。

要求:① 计算土建施工单位应获得的工期补偿和费用补偿。

② 判断设备安装单位的损失应由谁承担责任,计算应补偿的工期和费用。

（3）某建筑安装工程施工合同,合同总价6 000万元,合同工期6个月,开工日期为当年2月1日。合同规定:① 预付款按合同价20%支付,当进度款达到合同价的40%时,开始抵扣预付工程款,在下月起各月平均扣回。② 质量保证金按合同价款的5%扣留,从第一个月开始按各月结算工程款的10%扣留,扣完为止。某工程实际完成产值如表5-12所示。

表5-12　某工程实际完成产值

月份	2	3	4	5	6	7
实际产值/万元	1 000	1 200	1 200	1 200	800	600

要求:① 计算该工程的预付款、起扣点、质量保证金。

② 计算每月实际应结算的工程款。

项目 6

竣工阶段造价控制

学习重点

1. 竣工结算的编制和审核。
2. 竣工决算的编制和审核。
3. 新增资产价值确定。

相关政策法规

《资产评估准则——无形资产》(2017年)。
《建设工程质量保证金管理办法》(建质〔2017〕138号)。
《基本建设项目竣工财务决算管理暂行办法》(财建〔2016〕503号)。
《基本建设财务规则》(财〔2016〕81号)。
《中华人民共和国标准施工招标文件》(2007年)。
《建设工程质量管理条例》(国务院令〔2000〕279号)。

建设项目竣工阶段是项目建设的最终阶段,做好建设项目竣工阶段的工作可以确定建设项目投资的实际费用,及时了解工程造价控制的成果,并对建设项目建成后发挥经济效益和社会效益起着重要的作用。

任务 6.1　确定工程造价

微课
建设项目竣工阶段
与工程造价的关系
(一)

6.1.1　建设项目竣工阶段与工程造价的关系

一、竣工阶段的工作内容

竣工阶段工程造价控制是建设项目全过程造价控制的最后一个环节,是全面考核建设工作,审查投资使用合理性,检查工程造价控制情况,投资成果转入生产或使用的标志性阶段。竣工阶段的主要工作内容有竣工结算和竣工决算。

微课
建设项目竣工阶段
与工程造价的关系
(二)

二、竣工阶段与工程造价的关系

建设工程造价全过程控制是工程造价管理的主要表现形式和核心内容,也是提高项目投资效益的关键所在。竣工阶段的竣工验收、竣工结(决)算不仅直接关系到发包人与承包人之间的利益关系,也关系到项目工程造价的实际结果。

1. 竣工结算与工程造价的关系

竣工结算反映了工程项目的实际价格,最终体现了工程造价系统控制的效果。一般情况下,经审查的工程结算与编制的工程结算相比,其工程造价资金相差率在10%左右,有的高达20%,对控制投入节约资金起到很重要的作用。

2. 竣工决算与工程造价的关系

竣工决算是基本建设成果和财务的综合反映,它包括项目从筹建到建成投产或使用的全部费用。除采用货币形式表示基本建设的实际成本和有关指标外,还包括建设工期、工程量和资产的实物量以及技术经济指标,并综合了工程的年度财务决算,全面反映了基本建设的主要情况。

根据国家基本建设投资的规定,在批准基本建设项目计划任务书时,可依据投资估算来估计基本建设计划投资额。在确定基本建设项目设计方案时,可依据设计概算决定建设项目计划总投资最高数额。在施工图设计时,可编制施工图预算,用以确定单项工程或单位工程的计划价格,同时规定其不得超过相应的设计概算。因此,竣工决算可反映出固定资产计划完成情况以及节约或超支原因,从而控制工程造价。

6.1.2 竣工结算编制和审核

一、工程结算的分类

工程结算是指发承包双方根据国家有关法律、法规规定和合同约定,对合同工程实施中、终止时、已完工后的工程项目进行的合同价款计算、调整和确认。一般工程结算可以分为定期结算、分段结算、年终结算和竣工结算等方式。

① 定期结算。定期结算是指定期由承包方提出已完成的工程进度报表,连同工程价款结算账单,经发包方签证,办理工程价款结算。

② 分段结算。分段结算是指以单项(或单位)工程为对象,按其施工形象进度划分为若干施工阶段,按阶段进行工程价款结算。

③ 年终结算。年终结算是指单位工程或单项工程不能在本年度竣工,为了正确统计施工企业本年度的经营成果和建设投资完成情况,对正在施工的工程进行已完成和未完成工程量盘点,结清本年度的工程价款。

④ 竣工结算。竣工结算是指工程项目完工并经竣工验收合格后,发承包双方按照施工合同的约定对所完成的工程项目进行的合同价款的计算、调整和确认。竣工结算分为建设项目竣工总结算、单项工程竣工结算和单位工程竣工结算。单项工程竣工结算由单位工程竣工结算组成,建设项目竣工结算由单项工程竣工结算组成。

严格意义上讲,工程定期结算、工程分段结算、工程年终结算都属于工程进度款的期中支付结算,期中支付的内容已在项目5进行了介绍,这里重点介绍竣工结算。

二、竣工结算的编制

单位工程竣工结算由承包人编制,发包人审查;实行总承包的工程,由具体承包人编制,在总包人审查的基础上,发包人审查。

单项工程竣工结算或建设项目竣工总结算由总(承)包人编制,发包人可直接进行审查,也可以委托具有相应资质的工程造价咨询机构进行审查。政府投资项目由同级财政部门审查。单项工程竣工结算或建设项目竣工总结算经发包人、承包人签字盖章后有效。

承包人应在合同约定期限内完成项目竣工结算编制工作,未在规定期限内完成的,并且提不出正当理由延期的,责任自负。

1. 竣工结算的编制依据

竣工结算由承包人或受其委托具有相应资质的工程造价咨询人编制,由发包人或受其委托具有相应资质的工程造价咨询人核对。竣工结算编制的主要依据有:

① 建设工程工程量清单计价规范以及各专业工程工程量清单计价规范;

② 工程合同;

③ 发承包双方实施过程中已确认的工程量及其结算的合同价款;

④ 发承包双方实施过程中已确认调整后追加(减)的合同价款;

⑤ 建设工程设计文件及相关资料;

⑥ 投标文件;

⑦ 其他依据。

2. 竣工结算的计价原则

在采用工程量清单计价的方式下,竣工结算的计价原则如下。

(1)分部分项工程和措施项目中的单价项目

分部分项工程和措施项目中的单价项目应依据双方确认的工程量与已标价工程量清单的综合单价计算;如发生调整的,以发承包双方确认调整的综合单价计算。

(2)措施项目中的总价项目

措施项目中的总价项目应依据合同约定的项目和金额计算;如发生调整的,以发承包双方确认调整的金额计算,其中安全文明施工费必须按照国家或省级、行业建设主管部门的规定计算。

(3)其他项目

其他项目应按下列规定计价:

① 计日工应按发包人实际签证确认的事项计算;

② 暂估价应由发承包双方按照《建设工程工程量清单计价规范》(GB 50500—2013)的相关规定计算;

③ 总承包服务费应依据合同约定金额计算,如发生调整的,以发承包双方确认调整的金额计算;

④ 施工索赔费用应依据发承包双方确认的索赔事项和金额计算;

⑤ 现场签证费用应依据发承包双方签证资料确认的金额计算;

⑥ 暂列金额应减去工程价款调整(包括索赔、现场签证)金额计算,如有余额归发包人。

（4）规费和增值税

规费和增值税应按照国家或省级、行业建设主管部门的规定计算。

此外，发承包双方在合同工程实施过程中已经确认的工程计量结果和合同价款，在竣工结算办理中应直接进入结算。

采用总价合同的，应在合同总价基础上，对合同约定能调整的内容及超过合同约定范围的风险因素进行调整；采用单价合同的，在合同约定风险范围内的综合单价应固定不变，并应按合同约定进行计量，且应按实际完成的工程量进行计量。

三、竣工结算的审查内容

竣工结算的审查应依据施工合同约定的结算方法进行，根据不同的施工合同类型，应采用不同的审查方法。对于采用工程量清单计价方式签订的单价合同，应审查施工图以内的各个分部分项工程量，依据合同约定的方式审查分部分项工程价格，并对设计变更、工程洽商、工程索赔等调整内容进行审查。

1. 施工承包单位内部审查

施工承包单位内部审查竣工结算的主要内容包括以下几项：

① 审查结算的项目范围、内容与合同约定的项目范围、内容的一致性；

② 审查工程量计算的准确性、工程量计算规则与计价规范或定额的一致性；

③ 审查执行合同约定或现行的计价原则、方法的严格性。对于工程量清单或定额缺 项以及采用新材料、新工艺的，应根据施工过程中的合理消耗和市场价格审核结算单价；

④ 审查变更签证凭据的真实性、合法性、有效性，核准变更工程费用；

⑤ 审查索赔是否依据合同约定的索赔处理原则、程序和计算方法以及索赔费用的真 实性、合法性、准确性；

⑥ 审查取费标准执行的严格性，并审查取费依据的时效性、相符性。

2. 建设单位审查

建设单位审查竣工结算包括以下内容。

① 审查竣工结算的递交程序和资料的完备性。包括审查结算资料递交手续、程序的合法性，以及结算资料具有的法律效力；审查结算资料的完整性、真实性和相符性。

② 审查与竣工结算有关的各项内容。包括工程施工合同的合法性和有效性；工程施工合同范围以外调整的工程价款；分部分项工程、措施项目、其他项目的工程量及单价；建设单位单独分包工程项目的界面划分和总承包单位的配合费用；工程变更、索赔、奖励及违约费用；取费、税金、政策性调整以及材料价差计算；实际施工工期与合同工期产生差异的原因和责任，以及对工程造价的影响程度；其他涉及工程造价的内容。

3. 工程竣工结算审查时限

根据财政部、建设部关于印发《建设工程价款结算暂行办法》的通知（财建〔2004〕369 号），单项工程竣工后，施工承包单位应按规定程序向建设单位递交竣工结算报告及完整的结算资料，建设单位应按表 6−1 规定的时限进行核对、审查，并提出审查意见。

表 6-1　竣工结算审查时限

竣工结算报告金额	审查时限（从接到竣工结算报告和完整的竣工结算资料之日起）
500 万元以下	20 天
500 万元～2 000 万元	30 天
2 000 万元～5 000 万元	45 天
5 000 万元以上	60 天

竣工总结算在最后一个单项工程竣工结算审查确认后 15 天内汇总，送建设单位后 30 天内审查完成。

6.1.3　竣工决算编制和审核

微课
竣工决算的含义、
分类及依据

一、竣工决算的概念

建设项目竣工决算是指项目建设单位根据国家有关规定在项目竣工验收阶段为确定建设项目从筹建到竣工验收实际发生的全部建设费用（包括建筑工程费、安装工程费、设备及工器具购置费用、预备费等费用）而编制的财务文件。

竣工决算是以实物数量和货币指标为计量单位，综合反映竣工建设项目全部建设费用、建设成果和财务状况的总结性文件，是竣工验收报告的重要组成部分，竣工决算是正确核定新增固定资产价值，考核分析投资效果，建立健全经济责任制的依据，是反映建设项目实际造价和投资效果的文件。

二、竣工决算的作用

竣工决算是建设工程经济效益的全面反映，是项目法人核定各类新增资产价值、办理其交付使用的依据。竣工决算是工程造价管理的重要组成部分，做好竣工决算是全面完成工程造价管理目标的关键性因素之一。通过竣工决算，既能够正确反映建设工程的实际造价和投资结果；又可以通过竣工决算与概算、预算的对比分析，考核投资控制的工作成效，为工程建设提供重要的技术经济方面的基础资料，提高未来工程建设的投资效益。

三、竣工决算的内容

微课
竣工决算的内容

按照财政部、国家发展和改革委员会、住房和城乡建设部的有关文件规定，竣工决算由竣工财务决算说明书、竣工财务决算报表、工程竣工图和工程竣工造价对比分析四部分组成。其中竣工财务决算说明书和竣工财务决算报表两部分又称建设项目竣工财务决算，是竣工决算的核心内容。竣工财务决算是正确核定项目资产价值、反映竣工项目建设成果的文件，是办理资产移交和产权登记的依据。

四、竣工决算的编制

根据《基本建设项目竣工财务决算管理暂行办法》（财建〔2016〕503 号）的规定，基本建设项目完工可投入使用或者试运行合格后，应当在 3 个月内编报竣工财务决算，特殊情况确需延长的，中、小型项目不得超过 2 个月，大型项目不得超过 6 个月。

1. 竣工决算的编制条件

编制竣工决算应具备下列条件。

① 经批准的初步设计所确定的工程内容已完成。

② 单项工程或建设项目竣工结算已完成。

③ 收尾工程投资和预留费用不超过规定的比例。

④ 涉及法律诉讼、工程质量纠纷的事项已处理完毕。

⑤ 项目建设单位应当完成各项账务处理及财产物资的盘点核实,做到账账、账证、账实、账表相符。项目建设单位应当逐项盘点核实、填列各种材料、设备、工具、器具等清单并妥善保管,应变价处理的库存设备、材料以及应处理的自用固定资产要公开变价处理,不得侵占、挪用。

⑥ 其他影响工程竣工决算编制的重大问题已解决。

2. 竣工决算的编制依据

竣工决算的编制依据主要包括:

① 国家有关法律法规;

② 经批准的可行性研究报告、初步设计、概算及概算调整文件;

③ 招标文件及招标投标书,施工、代建、勘察设计、监理及设备采购等合同,政府采购审批文件、采购合同;

④ 历年下达的项目年度财政资金投资计划、预算;

⑤ 工程结算资料;

⑥ 有关的会计及财务管理资料;

⑦ 其他有关资料。

3. 竣工决算的编制要求

为了严格执行建设项目竣工验收制度,正确核定新增固定资产价值,考核分析投资效果,建立健全经济责任制,所有新建、扩建和改建等建设项目竣工后,都应及时、完整、正确地编制好竣工决算。建设单位要做好以下工作。

① 按照规定组织竣工验收,保证竣工决算的及时性。对建设工程的全面考核,所有的建设项目(或单项工程)按照批准的设计文件规定的内容建成后,具备投产和使用条件的,都要及时组织验收。对于竣工验收中发现的问题应及时查明原因,采取措施加以解决,以保证建设项目按时交付使用和及时编制竣工决算。

② 积累、整理竣工项目资料,保证竣工决算的完整性。积累、整理竣工项目资料是编制竣工决算的基础工作,它关系到竣工决算的完整性和质量的好坏。因此在建设过程中,建设单位必须随时收集项目建设的各种资料,并在竣工验收前,对各种资料进行系统整理,分类立卷,为编制竣工决算提供完整的数据资料,为投产后加强固定资产管理提供依据。在工程竣工时,建设单位应将各种基础资料与竣工决算一起移交生产单位或使用单位。

③ 清理、核对各项账目,保证竣工决算的正确性。工程竣工后,建设单位要认真核实各项交付使用资产的建设成本;做好各项账务、物资以及债权的清理结余工作,应偿还的及时偿还,该收回的应及时收回,对各种结余的材料、设备、施工机械工具等要逐项清点核实,妥善保管,按照国家有关规定进行处理,不得任意侵占;对竣工后的结余资金要按规定上交财政部门或上级主管部门。在完成上述工作,核实了各项数字的基础上,正确编制从年初起到竣工月份止的竣工年度财务决算,以便根据历年的财务决算和竣工年度财务决算进行整理汇总,编制建设项目竣工决算。

4. 竣工决算的编制程序

竣工决算的编制程序分为前期准备、实施、完成和资料归档四个阶段。

（1）前期准备阶段

前期准备阶段的主要工作内容如下。

① 了解编制工程竣工决算建设项目的基本情况,收集和整理基本的编制资料。在编制竣工决算文件之前,应系统地整理所有的技术资料、工料结算的经济文件、施工图纸和各种变更与签证资料,并分析它们的准确性。完整、齐全的资料是准确而迅速编制竣工决算的必要条件。

② 确定项目负责人,配置相应的编制人员。

③ 制订切实可行,符合建设项目情况的编制计划。

④ 由项目负责人对成员进行培训。

（2）实施阶段

实施阶段主要工作内容如下。

① 收集完整的编制程序依据资料。在收集、整理和分析有关资料中,要特别注意建设工程从筹建到竣工投产或使用的全部费用的各项账务、债权和债务的清理,做到工程完毕账目清晰,既要核对账目,又要查点库存实物的数量,做到账与物相等,账与账相符,对结余的各种材料、工器具和设备要逐项清点核实,妥善管理,并按规定及时处理,收回资金。对各种往来款项要及时进行全面清理,为编制竣工决算提供准确的数据和结果。

② 协助建设单位做好各项清理工作。

③ 编制完成规范的工作底稿。

④ 对实施过程中发现的问题应与建设单位进行充分沟通,达成一致意见。

⑤ 与建设单位相关部门一起做好实际支出与批复概算的对比分析工作。重新核实各单位工程、单项工程造价,将竣工资料与原设计图纸进行查对、核实,必要时可实地测量,确认实际变更情况;根据经审定的承包人竣工结算等原始资料,按照有关规定对原概预算进行增减调整,重新核定工程造价。

（3）完成阶段

完成阶段主要工作内容如下。

① 完成工程竣工决算编制咨询报告、基本建设项目竣工决算报表及附表、竣工财务决算说明书、相关附件等。清理、装订好竣工图。做好工程造价对比分析。

② 与建设单位沟通竣工决算的所有事项。

③ 经工程造价咨询企业内部复核后,出具正式工程竣工决算编制成果文件。

（4）资料归档阶段

资料归档阶段主要工作内容如下。

① 工程竣工决算编制过程中形成的工作底稿应进行分类整理,与工程竣工决算编制成果文件一并形成归档纸质资料。

② 对工作底稿、编制数据、工程竣工决算报告进行电子化处理,形成电子档案。将上述编写的文字说明和填写的表格经核对无误后,装订成册,即建设工程竣工决算文件。将其上报主管部门审查,并把其中财务成本部分送交开户银行签证。竣工决算在

微课
竣工决算书的编制
步骤和方法

上报主管部门的同时,抄送有关设计单位。

五、竣工决算的审核

1. 审核程序

项目竣工决算经有关部门或单位进行项目竣工决算审核的,需附完整的审核报告及审核表,审核报告内容应当翔实,主要包括审核说明、审核依据、审核结果、意见和建议。

建设周期长、建设内容多的大型项目,单项工程竣工财务决算可单独报批,单项工程结余资金在整个项目竣工财务决算中一并处理。

财政投资项目应按照中央财政、地方财政的管理权限及其相应的管理办法进行审批和备案。

2. 审核内容

财政部门和项目主管部门审核批复竣工决算时,应当重点审查以下内容:

① 工程价款结算是否准确,是否按照合同约定和国家有关规定进行,有无多算和重复计算工程量、高估冒算建筑材料价格现象;

② 待摊费用支出及其分摊是否合理、正确;

③ 项目是否按照批准的概(预)算内容实施,有无超标准、超规模,超概(预)算建设现象;

④ 项目资金是否全部到位,核算是否规范,资金使用是否合理,有无挤占、挪用现象;

⑤ 项目形成资产是否全面反映,计价是否准确,资产接收单位是否落实;

⑥ 项目在建设过程中历次检查和审计所提的重大问题是否已经整改落实;

⑦ 待核销基建支出和转出投资有无依据,是否合理;

⑧ 竣工财务决算报表所填列的数据是否完整,表间钩稽关系是否清晰、明确;

⑨ 尾工工程及预留费用是否控制在概算确定的范围内,预留的金额和比例是否合理;

⑩ 项目建设是否履行基本建设程序,是否符合国家有关建设管理制度要求等;

⑪ 决算的内容和格式是否符合国家有关规定;

⑫ 决算资料报送是否完整、决算数据之间是否存在错误;

⑬ 相关主管部门或者第三方专业机构是否出具审核意见。

6.1.4　新增资产价值确定

微课
新增资产的分类

建设项目竣工后,造价工程师在竣工决算的一项重要工作是将所花费的总投资形成相应的资产。按照新的财务制度和企业会计准则,新增资产按资产性质可分为固定资产、无形资产、流动资产和其他资产四大类。

一、新增固定资产价值的确定方法

微课
新增固定资产价值
的确定

1. 新增固定资产价值的概念

新增固定资产价值是建设项目竣工投产后所增加的固定资产的价值,即交付使用的固定资产价值,它是以价值形态表示的固定资产投资最终成果的综合性指标。

新增固定资产价值的计算是以独立发挥生产能力的单项工程为对象的。一次交付生产或使用的工程一次计算新增固定资产价值;分期分批交付生产或使用的工程,应分期分批计算新增固定资产价值。

新增固定资产价值的内容包括已投入生产或交付使用的建筑、安装工程造价,达到固定资产标准的设备、工器具的购置费用,增加固定资产价值的其他费用。

2. 新增固定资产价值计算时应注意的问题

在计算时应注意以下几种情况。

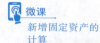
微课
新增固定资产的计算

① 对于为了提高产品质量、改善劳动条件、节约材料消耗、保护环境而建设的附属辅助工程,只要全部建成,正式验收交付使用后就要计入新增固定资产价值。

② 对于单项工程中不构成生产系统,但能独立发挥效益的非生产性项目,如住宅、食堂、医务所、托儿所、生活服务网点等,在建成并交付使用后,也要计算新增固定资产价值。

③ 凡购置达到固定资产标准不需安装的设备、工器具,应在交付使用后计入新增固定资产价值。

④ 属于新增固定资产价值的其他投资,应随同受益工程交付使用的同时一并计入。

⑤ 交付使用资产的成本,应按下列内容计算。

a. 建筑物、管道、线路等固定资产的成本包括建筑工程成果和待分摊的待摊投资。

b. 动力设备和生产设备等固定资产的成本包括需要安装设备的采购成本,安装工程成本,设备基础支柱等建筑工程成本或砌筑锅炉及各种特殊炉的建筑工程成本,应分摊的待摊投资。

c. 运输设备及其他不需要安装的设备、工具、器具、家具等固定资产一般仅计算采购成本,不计分摊的"待摊投资"。

3. 共同费用的分摊方法

新增固定资产的其他费用,如果是属于整个建设项目或两个以上单项工程的,在计算新增固定资产价值时,应在各单项工程中按比例分摊。一般情况下,建设单位管理费按建筑工程、安装工程、需安装设备价值总额作比例分摊,而土地征用费、地质勘察和建筑工程设计费等费用则按建筑工程造价比例分摊,生产工艺流程系统设计费按安装工程造价比例分摊。

[例6-1]　某建设项目及其第一车间的建筑工程费、安装工程费、需安装设备费以及应摊入费用如表6-2所示。

表6-2　第一车间的建筑工程费、安装工程费、需安装设备费以及应摊入费用

单位:万元

决算项目	建筑工程	安装工程	需安装设备	建设单位管理费	土地征用费	勘察设计费
建设项目竣工决算	2 000	800	1 200	60	120	40
第一车间竣工决算	400	200	400	—	—	—

要求:计算第一车间新增固定资产价值。

解:应分摊建设单位管理费 $= \dfrac{400+200+400}{2\,000+800+1\,200} \times 60 = 15$(万元)

$$应分摊土地征用费 = \frac{400}{2\,000} \times 120 = 24（万元）$$

$$应分摊勘察设计费 = \frac{400}{2\,000} \times 40 = 8（万元）$$

则第一车间新增固定资产价值 = (400+200+400)+(15+24+8) = 1\,047（万元）

二、新增无形资产价值的确定方法

微课
新增无形资产价值
的确定

在财政部和国家知识产权局的指导下,中国资产评估协会 2017 年制定了《资产评估准则——无形资产》,自 2017 年 10 月 1 日起施行。根据上述准则规定,无形资产是指特定主体所拥有或者控制的,不具有实物形态,能持续发挥作用且能带来经济利益的资源。无形资产分为可辨认无形资产和不可辨认无形资产。可辨认无形资产包括专利权、商标权、著作权、专有技术、销售网络、客户关系、特许经营权、合同权益、域名等,不可辨认无形资产是指商誉。

1. 无形资产的计价原则

① 投资者按无形资产作为资本金或者合作条件投入时,按评估确认或合同协议约定的金额计价。

② 购入的无形资产,按照实际支付的价款计价。

③ 企业自创并依法申请取得的,按开发过程中的实际支出计价。

④ 企业接受捐赠的无形资产,按照发票账单所载金额或者同类无形资产市场价作价。

⑤ 无形资产计价入账后,应在其有效使用期内分期摊销,即企业为无形资产支出的费用应在无形资产的有效期内得到及时补偿。

2. 无形资产的计价方法

（1）专利权的计价

专利权分为自创和外购两类。自创专利权的价值为开发过程中的实际支出,主要包括专利的研制成本和交易成本。

① 研制成本。研制成本包括直接成本和间接成本。

直接成本是指研制过程中直接投入发生的费用。主要包括材料费用、工资费用、专用设备费、资料费、咨询鉴定费、协作费、培训费和差旅费等。

间接成本是指与研制开发有关的费用。主要包括管理费、非专用设备折旧费、应分摊的公共费用及能源费用等。

② 交易成本。交易成本是指在交易过程中的费用支出,主要包括技术服务费、交易过程中的差旅费及管理费、手续费和税金等。

由于专利权是具有独占性并能带来超额利润的生产要素,因此专利权转让价格不按成本估价,而是按照其所能带来的超额收益计价。

（2）专有技术的计价

专有技术具有使用价值和价值,使用价值是专有技术本身应具有的,专有技术的价值在于专有技术的使用所能产生的超额获利能力,应在研究分析其直接和间接的获利能力的基础上,准确计算出其价值。

如果专有技术是自创的,一般不作为无形资产入账,自创过程中发生的费用,按当期费用处理。

对于外购专有技术,应由法定评估机构确认后再进行估价,其方法往往通过能产生的收益采用收益法进行估价。

（3）商标权的计价

如果商标权是自创的,一般不作为无形资产入账,而将商标设计、制作、注册、广告宣传等发生的费用直接作为销售费用计入当期损益。只有当企业购入或转让商标时,才需要对商标权计价。商标权的计价一般根据被许可方新增的收益确定。

（4）土地使用权的计价

根据取得土地使用权的方式不同,土地使用权可有以下几种计价方式:

① 当建设单位向土地管理部门申请土地使用权并为之支付一笔出让金时,土地使用权作为无形资产核算;

② 当建设单位获得土地使用权是通过行政划拨的,这时土地使用权就不能作为无形资产核算;

③ 在土地使用权有偿转让、出租、抵押、作价入股和投资,按规定补交土地出让价款时,才作为无形资产核算。

三、新增流动资产价值的确定方法

微课
新增流动资产价值的确定

流动资产是指可以在一年内或者超过一年的一个营业周期内变现或者运用的资产,包括现金、各种银行存款、其他货币资金、短期投资、存货、应收及预付款项、其他流动资产等。

1. 货币性资金

货币性资金是指现金、各种银行存款及其他货币资金。

① 现金。现金是指企业的库存现金,包括企业内部各部门用于周转使用的备用金。

② 各种银行存款。各种银行存款是指企业的各种不同类型的银行存款。

③ 其他货币资金。其他货币资金是指除现金和银行存款以外的其他货币资金,根据实际入账价值核定。

2. 应收及预付款项

应收账款是指企业因销售商品、提供劳务等应向购货单位或受益单位收取的款项,预付款项是指企业按照购货合同预付给供货单位的购货定金或部分货款。应收及预付款项包括应收票据、应收款项、其他应收款、预付货款和待摊费用。

一般情况下,应收及预付款项按企业销售商品、产品或提供劳务时的实际成交金额入账核算。

3. 短期投资

短期投资包括股票、债券、基金。股票和债券根据是否可以上市流通分别采用市场法和收益法确定其价值。

4. 存货

存货是指企业的库存材料、在产品、产成品等。各种存货应当按照取得时的实际成本计价。存货的形成主要有外购和自制两个途径。外购的存货按照买价加运输费、装卸费、保险费、途中合理损耗、入库前加工、整理及挑选费用以及缴纳的税金等计价,自制的存货按照制造过程中的各项实际支出计价。

四、新增其他资产价值的确定方法

微课
新增其他资产价值
的确定

其他资产是指不能全部计入当年损益,应当在以后年度分期摊销的各种费用,包括开办费、租入固定资产改良支出等。

1. 开办费的计价

开办费是指筹建期间建设单位管理费中未计入固定资产的其他各项费用。如建设单位经费,包括筹建期间工作人员工资、办公费、差旅费、印刷费、生产职工培训费、样品样机购置费、农业开荒费、注册登记费,以及不计入固定资产和无形资产购建成本的汇兑损益、利息支出。

按照新财务制度规定,除筹建期间不计入资产价值的汇兑净损失外,开办费从企业开始生产经营月份的次月起,按照不短于 5 年的期限平均摊入管理费用中。

2. 租入固定资产改良支出的计价

租入固定资产是企业从其他单位或个人租入的固定资产。租入固定资产所有权属于出租人,企业依合同享有其使用权。通常,企业应按照双方在协议中规定的用途使用租入固定资产,并承担对租入固定资产修理和改良的责任,即发生的修理和改良支出全都由承租方负担。

对租入固定资产的大修理支出,不构成固定资产价值,其会计处理与自有固定资产的大修理支出无区别;对租入固定资产实施改良,因有助于提高固定资产的效用和功能,应当另外确认为一项资产。由于租入固定资产的所有权不属于租入企业,不宜增加租入固定资产的价值而作为其他资产处理。租入固定资产改良及大修理支出应当在租赁期内分期平均摊销。

[例 6-2] 某大型工业项目 2016 年 5 月开工建设,2017 年年底该大型工业项目的财务核算资料如下。

① 甲、乙两车间竣工验收合格,并交付使用,交付使用的资产包括:

a. 固定资产价值 21 670 万元;

b. 为生产准备的使用期限在 1 年内的工具、器具、备品、备件等流动资产价值 8 780 万元;

c. 建造期内购置非专利技术、产品商标等无形资产 3 250 万元;

d. 筹建期间发生的开办费 60 万元。

② 基本建设支出的项目包括:

建筑安装工程支出 5 780 万元;

设备工器具投资 8 450 万元;

工程建设其他投资 1 980 万元。

③ 非经营项目发生的待核销基建支出 40 万元。

④ 应收生产单位投资借款 820 万元。

⑤ 货币资金 230 万元。

⑥ 预付工程款 20 万元。

⑦ 有价证券 180 万元。

⑧ 固定资产原值 23 890 万元,累计折旧 10 860 万元。

⑨ 国家资本 19 730 万元。

⑩ 法人资本 12 850 万元。

⑪ 个人资本 12 790 万元。

⑫ 项目资本公积金 8 420 万元。

⑬ 建设单位向商业银行借入的借款 10 350 万元。

⑭ 建设单位当年完成交付生产单位使用的资金价值中,120 万元属于利用投资借款形成的待冲基建支出。

⑮ 未交基建收入 30 万元。

要求:根据上述工业项目财务核算资料,编制该工业项目竣工财务决算表,如表 6-3 所示。

解:

表 6-3　大、中型建设项目竣工财务决算表

建设项目名称:××工业项目　　　　　　　　　　　　　　　　单位:万元

资金来源	金额	资金占用	金额	补充资料
一、基建拨款		一、基本建设支出	50 010	1. 基建投资借款期末余额
1. 预算拨款		1. 交付使用资产	33 760	
2. 基建基金拨款		2. 在建工程	16 210	
3. 进口设备转账拨款		3. 待核销基建支出	40	
4. 器材转账拨款		4. 非经营项目转出投资		2. 应收生产单位投资借款期末余额
5. 煤代油专用基金拨款		二、应收生产单位投资借款	820	
6. 自筹资金拨款		三、拨款所属投资借款		3. 基建结余资金
7. 其他拨款		四、器材		
二、项目资本金	45 370	其中:待处理器材损失		
1. 国家资本	19 730	五、货币资金	230	
2. 法人资本	12 850	六、预付及应收款	20	
3. 个人资本	12 790	七、有价证券	180	
三、项目资本公积金	8 420	八、固定资产	13 030	
四、基建借款	10 350	固定资产原值	23 890	
五、上级拨入投资借款		减:累计折旧	10 860	
六、企业债券资金		固定资产净值	13 030	
七、待冲基建支出	120	固定资产清理		
八、应付款		待处理固定资产损失		
九、未交款	30			
1. 未交税金				
2. 未交基建收入	30			
3. 未交基建包干节余				

续表

资金来源	金额	资金占用	金额	补充资料
4. 其他未交款				
十、上级拨入资金				
十一、留成收入				
合计	64 290		64 290	

任务 6.2　控制工程造价

6.2.1　工程质量保证金

工程质量保证金(有时也称工程质量保修金)是指建设单位与施工承包单位在工程承包合同中约定,从应付工程款中预留、用以保证施工承包单位在缺陷责任期内对建设工程出现的缺陷进行维修的资金。这里的缺陷是指建设工程质量不符合工程建设强制性标准、设计文件及工程承包合同的约定。

一、缺陷责任期起算时间及延长

缺陷责任期是指施工承包单位对已交付使用的工程承担合同约定的缺陷修复责任的期限。缺陷责任期一般为 1 年,最长不超过 2 年,具体可由发承包双方在合同中约定。

缺陷责任期与工程保修期既有区别又有联系。缺陷责任期实质上是预留工程质量保证金的一个期限,而工程保修期是发承包双方按《建设工程质量管理条例》在工程质量保修书中约定的保修期限。《建设工程质量管理条例》规定,在正常使用条件下,地基基础工程和主体结构工程的保修期限为设计文件规定的合理使用年限。显然,缺陷责任期不能等同于工程保修期。

1. 缺陷责任期起算时间

根据住房和城乡建设部、财政部发布的《建设工程质量保证金管理办法》(建质〔2017〕138 号),缺陷责任期从工程通过竣工验收之日起计。由于承包人原因导致工程无法按规定期限进行竣工验收的,缺陷责任期从实际通过竣工验收之日起计。由于发包人原因导致工程无法按规定期限进行竣工验收的,在承包人提交竣工验收报告 90 天后,工程自动进入缺陷责任期。

2. 缺陷责任期延长

根据《中华人民共和国标准施工招标文件》(2007 年)中的通用合同条件,由于施工承包单位原因造成某项缺陷或损坏使某项工程或工程设备不能按原定目标使用而需要再次检查、检验和修复的,建设单位有权要求施工承包单位相应延长缺陷责任期,但缺陷责任期最长不超过 2 年。

二、工程质量保证金预留

根据住房和城乡建设部、财政部发布的《建设工程质量保证金管理办法》(建质

〔2017〕138号），发包人应当在招标文件中明确保证金预留、返还等内容，并与承包人在合同条款中对涉及保证金的下列事项进行约定：

① 保证金预留、返还方式；

② 保证金预留比例、期限；

③ 保证金是否计付利息，如计付利息，利息的计算方式；

④ 缺陷责任期的期限及计算方式；

⑤ 保证金预留、返还及工程维修质量、费用等争议的处理程序；

⑥ 缺陷责任期内出现缺陷的索赔方式；

⑦ 逾期返还保证金的违约金支付办法及违约责任。

1. 工程质量保修范围和内容

发承包双方在工程质量保修书中约定的建设工程的保修范围包括：

① 地基基础工程、主体结构工程；

② 屋面防水工程、有防水要求的卫生间、房间和外墙面的防渗漏；

③ 供热与供冷系统；

④ 电气管线、给排水管道、设备安装和装修工程；

⑤ 双方约定的其他项目。

具体保修的内容，双方在工程质量保修书中约定。

2. 工程质量保证金的预留及管理

在《建设工程质量保证金管理办法》（建质〔2017〕138号）中规定，发包人应按照合同约定方式预留保证金，保证金总预留比例不得高于工程价款结算总额的3%。合同约定由承包人以银行保函替代预留保证金的，保函金额不得高于工程价款结算总额的3%。在工程项目竣工前，已经缴纳履约保证金的，发包人不得同时预留工程质量保证金。采用工程质量保证担保、工程质量保险等其他保证方式的，发包人不得再预留保证金。

3. 工程质量保证金的使用

缺陷责任期内，由承包人原因造成的缺陷，承包人应负责维修，并承担鉴定及维修费用。由他人原因造成的缺陷，发包人负责组织维修，承包人不承担费用，且发包人不得从保证金中扣除费用。

4. 工程质量保证金的返还

缺陷责任期内，承包人认真履行合同约定的责任。到期后，承包人向发包人申请返还保证金。

发包人和承包人对保证金预留、返还以及工程维修质量、费用有争议的，按承包合同约定的争议和纠纷解决程序处理。

6.2.2　工程造价对比分析

在对控制工程造价所采取的措施、效果及其动态的变化经过认真地对比后，可以总结经验教训。批准的概算是考核建设工程造价的依据。在分析时，可先对比整个项目的总概算，然后将建筑安装工程费、设备工器具费和其他工程费用逐一与竣工决算表中所提供的实际数据和相关资料及批准的概算、预算指标、实际的工程造价进行对比分析,以确定竣工项目总造价是节约还是超支,并在对比的基础上,总结先进经验,找出节约和超支的内容和原因,提出改进措施。在实际工作中,应主要分析以下内容。

① 考核主要实物工程量。对于实物工程量出入比较大的情况,必须查明原因。

② 考核主要材料消耗量。考核主要材料消耗量要按照竣工决算表中所列明的主要材料实际超概算的消耗量,查明是在工程的哪个环节超出量最大,再进一步查明超耗的原因。

③ 考核建设单位管理费、措施费和间接费的取费标准。建设单位管理费、措施费和间接费的取费标准要按照国家和各地的有关规定,根据竣工决算报表中所列的建设单位管理费与概预算所列的建设单位管理费数额进行比较,依据规定查明是否多列或少列的费用项目,确定其节约超支的数额,并查明原因。

复习题

1. 思考题

(1)简述竣工结算的编制依据。

(2)简述竣工结算计价原则。

(3)简述竣工结算审查的内容。

(4)简述竣工决算的编制依据。

(5)简述竣工决算的内容。

(6)简述竣工决算编制程序。

2. 案例题

(1)某建设项目及其主要生产车间的有关费用如表6-4所示。

表6-4　某建设项目及其主要生产车间的有关费用　　　单位:万元

项目	建筑工程费	设备安装费	需安装设备价值	不需安装设备价值	勘察设计费	建设单位管理费
建设项目竣工决算	1 000	450	600	200	50	60
生产车间竣工决算	250	100	280	80	—	—

要求:计算该车间新增固定资产价值。

(2)某建设项目从2019年开始实施,到2020年年底财务核算资料如下。

① 已经完成部分单项工程,经验收合格后,交付使用的资产包括固定资产74 739万元;使用年限在1年以内的备品备件、工具、器具29 361万元;使用期限在1年以上,单件价值10 000元以上的工具61万元;建造期内购置的专利权、非专利技术1 700万元;筹建期间发生的开办费79万元。

② 基建支出的项目包括建筑安装工程支出15 800万元;设备工器具投资43 800万元;建设单位管理费、勘察设计费等待摊投资2 392万元;通过出让方式购置的土地使用权形成的其他投资108万元。

③ 非经营项目发生待核销基建支出40万元。

④ 应收生产单位投资借款1 500万元。

⑤ 购置需要安装的器材 49 万元,其中待处理器材损失 15 万元。

⑥ 货币资金 480 万元。

⑦ 工程预付款及应收有偿调出器材款 20 万元。

⑧ 建设单位自用的固定资产原价 60 220 万元,累计折旧 10 066 万元。

反映在资金平衡表上的各类资金来源的期末余额如下。

① 预算拨款 48 000 万元。

② 自筹资金拨款 60 508 万元。

③ 其他拨款 300 万元。

④ 建设单位向商业银行借入的借款 109 287 万元。

⑤ 建设单位当年完成交付生产单位使用的资产价值中,有 160 万元属于利用投资借款形成的待冲基建支出。

⑥ 应付器材销售商 37 万元货款和应付工程款 1 963 万元尚未支付。

⑦ 未交税金 28 万元。

要求:编制大、中型基本建设项目竣工财务决算表。

参考文献

[1] 张凌云.工程造价控制[M].上海:东华大学出版社,2008.

[2] 袁建新.工程造价管理[M].北京:中国建筑工业出版社,2003.

[3] 尹贻林.工程造价计价与控制[M].北京:中国计划出版社,2003.

[4] 刘伊生.建设工程造价管理[M].北京:中国计划出版社,2013.

[5] 柯洪.建设工程计价[M].北京:中国计划出版社,2013.

[6] 中国建设工程造价管理协会.建设工程造价管理基础知识[M].北京:中国计划出版社,2010.

[7] 本书编写组.投资项目可行性研究指南[M].北京:中国电力出版社,2002.

[8] 中国国际工程咨询公司投资项目可行性研究与评价中心组.投资项目可行性研究教程[M].北京:地震出版社,2002.

[9] 王立国,等.工程项目可行性研究[M].北京:人民邮电出版社,2002.

[10] 陈光建.中国建设项目管理实用大全[M].北京:经济管理出版社,1993.

[11] 张毅.建设工程造价实用手册[M].北京:中国建筑工业出版社,2000.

[12] 罗鼎林.国内外建设工程造价的确定与控制[M].北京:化学工业出版社,1997.

[13] 唐连珏.工程造价的确定与控制[M].北京:中国建材工业出版社,2000.

[14] 齐宝库,黄如宝.工程造价案例分析[M].2版.北京:中国城市出版社,2001.

[15] 白思俊.现代项目管理[M].北京:机械工业出版社,2002.

[16] 中国建设监理协会.建设工程投资控制[M].北京:知识产权出版社,2003.

[17] 上海市建设工程招投标管理办公室.工程项目造价概述[M].上海:上海科学普及出版社,2002.

[18] 上海市建设工程标准定额管理总站.上海市建设工程预算[M].上海:上海科学普及出版社,2002.

[19] 中华人民共和国国家发展和改革委员会,中华人民共和国建设部.建设项目经济评价方法与参数[M].3版.北京:中国计划出版社,2006.

[20] 本书编制组.《建设工程工程量清单计价规范(GB 50500—2013)》宣贯辅导教材[M].北京:中国计划出版社,2013.

[21] 中国建设工程造价管理协会.建设项目全过程造价咨询规程:CECA/GC 4—2009[S].北京:中国计划出版社,2010.

[22] 中国建设工程造价管理协会.建设项目设计概算编审规程:CECA/GC 2—2007[S].北京:中国计划出版社,2007.

[23] 中国建设工程造价管理协会.建设项目施工图预算编审规程:CECA/GC 5—2010[S].北京:中国计划出版社,2010.